Análise instrumental inorgânica

Kátya Dias Neri
Marcia Cristina de Sousa

Rua Clara Vendramin, 58 | Mossunguê
CEP 81200-170 | Curitiba-PR | Brasil
Fone: (41) 2106-4170
www.intersaberes.com
editora@intersaberes.com

Conselho editorial
- Dr. Alexandre Coutinho Pagliarini
- Dr.ª Elena Godoy
- Dr. Neri dos Santos
- Dr. Ulf Gregor Baranow

Editora-chefe
- Lindsay Azambuja

Gerente editorial
- Ariadne Nunes Wenger

Assistente editorial
- Daniela Viroli Pereira Pinto

Edição de texto
- Gustavo Piratello de Castro
- Novotexto

Capa e projeto gráfico
- Luana Machado Amaro (*design*)
- Gorodenkoff/Shutterstock (imagem)

Diagramação
- Bruno Palma e Silva

***Designer* responsável**
- Luana Machado Amaro

Iconografia
- Regina Claudia Cruz Prestes
- Sandra Lopis da Silveira

Dados Internacionais de Catalogação na Publicação (CIP)
(Câmara Brasileira do Livro, SP, Brasil)

Neri, Kátya Dias
  Análise instrumental inorgânica/Kátya Dias Neri, Marcia Cristina de Sousa. Curitiba: InterSaberes, 2022. (Série Análises Químicas).

  Bibliografia.
  ISBN 978-65-5517-342-0

  1. Química analítica 2. Química analítica quantitativa I. Sousa, Marcia Cristina de. II. Título. III. Série.

21-87063   CDD-543

Índices para catálogo sistemático:
1. Química analítica   543
    Maria Alice Ferreira – Bibliotecária – CRB-8/7964

1ª edição, 2022.

Foi feito o depósito legal.

Informamos que é de inteira responsabilidade das autoras a emissão de conceitos.

Nenhuma parte desta publicação poderá ser reproduzida por qualquer meio ou forma sem a prévia autorização da Editora InterSaberes.

A violação dos direitos autorais é crime estabelecido na Lei n. 9.610/1998 e punido pelo art. 184 do Código Penal.

Sumário

Apresentação □ 5
Como aproveitar ao máximo este livro □ 9

Capítulo 1
Calibração: conceitos e instrumentos □ 15
1.1 Conceito de calibração □ 17
1.2 Calibração de instrumentos analíticos □ 19
1.3 Calibração de instrumentos volumétricos □ 31
1.4 Vidrarias diversas □ 45

Capítulo 2
Espectrofotometria □ 53
2.1 Radiação eletromagnética e suas interações □ 56
2.2 Instrumentos de espectrofotometria óptica □ 64
2.3 Tipos de espectrofotometria □ 73
2.4 Lei de Lambert-Beer □ 86
2.5 Seleção do método □ 94

Capítulo 3
Espectroscopia nas regiões ultravioleta e visível □ 102
3.1 Conceitos fundamentais □ 105
3.2 Lei de Lambert-Beer para a espectrofotometria ultravioleta e visível □ 111
3.3 Componentes do instrumento de espectroscopia de ultravioleta e visível □ 118
3.4 Espectrofotômetros ultravioleta e visível □ 134
3.5 Procedimentos experimentais □ 136

Capítulo 4
Eletroquímica e suas interações com a matéria □ 145
4.1 Célula eletroquímica □ 147
4.2 Tipos de métodos eletroanalíticos □ 155
4.3 Equipamentos: eletrodos de medição de potencial □ 173
4.4 Determinação do pH de um indicador □ 182
4.5 Determinação de pH por meio da relação de equilíbrio de ácidos e bases □ 186

Capítulo 5
Espectrometria de fluorescência atômica □ 190
5.1 Conceitos fundamentais □ 192
5.2 Luminescência molecular □ 197
5.3 Quimioluminescência □ 201
5.4 Fotoluminescência ou fluorescência □ 203
5.5 Fosforescência molecular □ 226

Capítulo 6
Espectroscopia de massa □ 230
6.1 Conceitos fundamentais □ 233
6.2 Espectroscopia de massa com plasma indutivamente acoplado □ 237
6.3 Introdução de métodos com raios X □ 252
6.4 Difração de raios X □ 254
6.5 Preparação da amostra e resultados □ 263

Considerações finais □ 269
Referências □ 270
Bibliografia comentada □ 275
Sobre as autoras □ 277

Apresentação

No final do século XVII, a química tornou-se ciência, tendo como base os experimentos desenvolvidos por Antoine Lavoisier. Até então, os químicos eram chamados de *alquimistas*, que detinham saberes nas áreas da química, da astronomia, da metalurgia e da medicina. Os alquimistas contavam com o respeito de boa parte da sociedade, porém, na visão da ciência, eram bastante criticados. Isso porque seus experimentos não tinham base científica comprovada. Mesmo assim, eles foram responsáveis por várias descobertas e invenções. Boa parte das vidrarias utilizadas nos laboratórios de química foi desenvolvida por eles ao longo de várias décadas tentando descobrir o elixir da vida e a Pedra Filosofal.

    Os alquimistas observaram que o ouro não oxidava, ou seja, não enferrujava. Por esse motivo, acreditavam que, por meio da transmutação, isto é, a transformação de um metal comum como o ferro, o cobre e o chumbo em ouro, descobririam a Pedra Filosofal e, consequentemente, o elixir da vida. Eles comparavam a ausência de oxidação do ouro com ausência de adoecimento. Assim, o ouro era o metal que poderia fornecer a imortalidade ao homem. Por esse motivo, os alquimistas são conhecidos na história da química.

    Existe uma divisão da química em quatro grandes áreas: (1) orgânica, (2) inorgânica, (3) analítica e (4) físico-química. No entanto, essa divisão é alvo de controvérsias. Existe uma linha de pesquisadores que não aceita essa divisão, baseando-se no

contexto de que a química é uma ciência única, sem divisão.
Já outra linha alega que a divisão é empregada para uma
organização estrutural, administrativa e política.

A química inorgânica é baseada no estudo dos elementos
inorgânicos e se ocupa principalmente com as sínteses,
as preparações e as caracterizações de diferentes compostos.
Isso explica o forte cunho analítico associado a essa área da
química. A análise instrumental inorgânica é um exemplo
da relação entre a área da química inorgânica e o processo
analítico.

Os conteúdos foram divididos praticamente em métodos
de análises instrumentais, os quais são imprescindíveis ao
conhecimento prévio não só do instrumento a ser manuseado,
mas também o conhecimento da amostra a ser analisada,
no aspecto químico.

Assim, o livro foi estruturado em introdução, fundamentação
teórica (com a exposição dos conceitos básicos do método) e
apresentação do instrumento analítico (com seus respectivos
componentes e aplicações das técnicas). Também são oferecidos
exercícios resolvidos e indicados artigos científicos baseados nas
técnicas analisadas.

Dessa forma, no Capítulo 1 mostraremos como é realizada
a calibração dos instrumentos analíticos. Nesse sentido,
descreveremos o ajuste de alguns instrumentos utilizados em
um laboratório de inorgânica, entre eles o fotômetro de chamas
e o refratômetro do tipo de Abbe. Na sequência, abordaremos
o uso de eletrodos e a preparação de uma curva de calibração
para detectar a absorbância de um analito em análise de

espectrometria. Por fim, mostraremos como ocorre a calibração das principais vidrarias utilizadas no ambiente laboratorial: pipetas, buretas e balões volumétricos.

No Capítulo 2, apresentaremos a espectrometria de forma geral, isto é, como ela é aplicada nas pesquisas científicas. Dessa forma, faremos uma descrição das espectrometrias de emissão, de massa atômica e de ressonância magnética nuclear.

Trataremos especificamente da espectrometria de absorção atômica ultravioleta/visível (UV/Vis) no Capítulo 3. Nesse cenário, demonstraremos a Lei de Lambert-Beer para que, posteriormente, possamos abordar os possíveis desvios nos experimentos. Assim, veremos os mecanismos de cada componente do espectrofotômetro (UV/Vis) e como são realizadas as aplicações dessa técnica.

No Capítulo 4, apresentaremos as técnicas eletroquímicas, os termos eletroquímicos (como os tipos de eletrodos) e os métodos de potenciometria, eletrogravimetria, coulometria e voltametria.

A técnica da fluorescência atômica, com seus conceitos fundamentais, serão abordados no Capítulo 5, assim como as condições específicas para espécies fluorescentes, o instrumento utilizado, a aplicação dessa técnica e suas limitações e vantagens. Também veremos as técnicas da fosforescência molecular e da quimioluminescência.

Por fim, no Capítulo 6, relataremos as principais características da espectrometria de massa, mais especificamente, a espectroscopia de massa com plasma indutivamente acoplado (IPC-MS), e a difração de raios X. Trata-se de técnicas com princípios químicos diferenciados. Examinaremos os componentes da IPC-MS e os mecanismos de sua execução. Com relação à difração de raios X, além de todos os seus princípios básicos, explicaremos como é realizada a preparação da amostra e a interpretação dos padrões de difração.

Desejamos uma excelente leitura!

Como aproveitar ao máximo este livro

Empregamos nesta obra recursos que visam enriquecer seu aprendizado, facilitar a compreensão dos conteúdos e tornar a leitura mais dinâmica. Conheça a seguir cada uma dessas ferramentas e saiba como elas estão distribuídas no decorrer deste livro para bem aproveitá-las.

Conteúdos do capítulo: Logo na abertura do capítulo, relacionamos os conteúdos que nele serão abordados.

Após o estudo deste capítulo, você será capaz de: Antes de iniciarmos nossa abordagem, listamos as habilidades trabalhadas no capítulo e os conhecimentos que você assimilará no decorrer do texto.

O que é
Nesta seção, destacamos definições e conceitos elementares para a compreensão dos tópicos do capítulo.

Para saber mais
Sugerimos a leitura de diferentes conteúdos digitais e impressos para que você aprofunde sua aprendizagem e siga buscando conhecimento.

Exemplificando

Disponibilizamos, nesta seção, exemplos para ilustrar conceitos e operações descritos ao longo do capítulo a fim de demonstrar como as noções de análise podem ser aplicadas.

Exercícios resolvidos

Nesta seção, você acompanhará passo a passo a resolução de alguns problemas complexos que envolvem os assuntos trabalhados no capítulo.

Curiosidade
Nestes boxes, apresentamos informações complementares e interessantes relacionadas aos assuntos expostos no capítulo.

Consultando a legislação
Listamos e comentamos nesta seção os documentos legais que fundamentam a área de conhecimento, o campo profissional ou os temas tratados no capítulo para você consultar a legislação e se atualizar.

Síntese

Ao final de cada capítulo, relacionamos as principais informações nele abordadas a fim de que você avalie as conclusões a que chegou, confirmando-as ou redefinindo-as.

Estudo de caso

Nesta seção, relatamos situações reais ou fictícias que articulam a perspectiva teórica e o contexto prático da área de conhecimento ou do campo profissional em foco com o propósito de levá-lo a analisar tais problemáticas e a buscar soluções.

Bibliografia comentada

Nesta seção, comentamos algumas obras de referência para o estudo dos temas examinados ao longo do livro.

MATOS, S. P. de. **Técnicas de análise química**: métodos clássicos e instrumentais. São Paulo: Érica, 2015.

Essa obra permite ao leitor compreender conceitos básicos sobre os métodos analíticos. Entre outros assuntos relativos ao tema, o livro aborda os fundamentos das técnicas analíticas, as reações e os ensaios de via úmida, o preparo de soluções analíticas, os diferentes métodos volumétricos, os métodos analíticos de gravimetria por precipitação, os tipos de cromatografias, potenciometria, voltametria, coulometria e amperometria, os métodos espectroscópicos, as principais técnicas aplicadas aos compostos orgânicos e as áreas de aplicação das técnicas. A obra é indicada para profissionais que buscam informações sobre o ambiente de laboratório, as técnicas e suas aplicações.

ROSA, G.; GAUTO, M.; GONÇALVES, F. **Química analítica**: práticas de laboratório. Porto Alegre: Bookman, 2013.

O livro é uma compilação de anotações das aulas de análise química, apresentando detalhes de um laboratório químico, como materiais, vidrarias, equipamentos, técnicas básicas e pesagens. Há um capítulo dedicado às análises instrumentais de potenciometria, condutometria, espectrofotometria, cromatografia e refratometria. A obra é recomendada para a formação de profissionais da área de química.

SKOOG, D. A. et al. **Fundamentos de química analítica**. 8. ed. São Paulo: Thomson Reuters, 2006.

Os autores tratam de aspectos básicos e práticos da análise química. O livro é composto por 36 capítulos e dividido em 7 partes. Isso faz dele um documento importante e completo para quem se interessa pela química

Capítulo 1

Calibração: conceitos e instrumentos

Conteúdos do capítulo:

- Conceito de calibração.
- Calibração de instrumentos analíticos.
- Calibração de instrumentos volumétricos.
- Vidrarias utilizadas nos processos analíticos.

Após o estudo deste capítulo, você será capaz de:

1. definir o que é uma calibração;
2. calibrar um fotômetro de chama para detectar elementos inorgânicos em soluções aquosas;
3. realizar ajustes nos eletrodos utilizados na determinação de potencial hidrogeniônico (pH);
4. utilizar um refratômetro do tipo Abbe para determinar o teor de sacarose (brix) em soluções;
5. plotar uma curva de calibração, utilizada em análises com espectrofotômetro;
6. empregar vidrarias, como pipeta volumétrica, bureta e balão volumétrico, devidamente calibradas.

Ao entrar em um laboratório de química, qualquer pessoa se impressiona com a quantidade de reagentes, instrumentos analíticos e vidrarias. É importante que quem trabalha nesse ambiente saiba diferenciar, usar e calibrar instrumentos e vidrarias, de modo a reduzir ao mínimo o erro nas análises.

Iniciaremos o tema abordando o conceito de calibração e sua importância. Em seguida, veremos como calibrar alguns instrumentos como o fotômetro de chama, instrumento analítico fundamentado na espectroscopia atômica e utilizado em análises para detectar e quantificar elementos inorgânicos, como potássio (K), sódio (Na), lítio (Li), bário (Ba) e cálcio (Ca), em amostras – soro fisiológico, bebidas isotônicas e antidepressivos à base de lítio (Li).

Os eletrodos são usados em métodos potenciométricos que utilizam a diferença potencial de uma célula eletroquímica na ausência de corrente. O refratômetro do tipo Abbe, um instrumento óptico, é operado para determinar concentrações de soluções aquosas e o grau de brix de bebidas adocicadas. Também é preciso que o profissional tenha uma base de como plotar uma curva de calibração, que é utilizada em instrumentos com uma variedade de amostras padrões, cada uma delas com uma concentração diferente e conhecida do analito. Deve-se atentar também para a calibração das vidrarias mais utilizadas nos experimentos analíticos, que são as pipetas volumétricas, as buretas e os balões volumétricos.

Destacam-se, por fim, algumas medidas de segurança para a prevenção dos riscos existentes no ambiente laboratorial, de acordo com a Norma Brasileira NBR 14785:2001 (ABNT, 2001).

1.1 Conceito de calibração

Calibrar é confrontar um padrão com um sistema de medição, ou seja, é a relação entre a resposta de um padrão (sistema de referência) e um sistema de medição (instrumento de medição). Um exemplo clássico é o ajuste ou a verificação de uma balança. O sistema de referência de uma balança são os pesos-padrão aprovados pelo Instituto Nacional de Metrologia, Qualidade e Tecnologia (Inmetro).

Os instrumentos analíticos e as vidrarias têm um tempo de vida útil. Por esse motivo, eles devem ser avaliados de acordo com a frequência de uso, com o objetivo de avaliar seu desempenho e garantir resultados confiáveis nas análises empíricas. A calibração é um processo experimental que permite avaliar o desempenho desses instrumentos e, com isso, amortizar os erros nos resultados analisados, classificados como *erros operacionais*.

Na calibração de alguns instrumentos analíticos, como os pHmetros e os fotômetros de chama, os padrões utilizados são soluções químicas aquosas fornecidas pelos fabricantes.

A calibração deve ser realizada com base nas recomendações técnicas do próprio instrumento, de acordo com instruções do fabricante, nas normas nacionais e internacionais, nas orientações do Inmetro e nos procedimentos internos de cada laboratório.

Quando uma calibração não é efetuada com êxito no ambiente laboratorial, pode-se encaminhar as ferramentas para laboratórios especializados, os quais oferecem serviços acreditados pela Rede Brasileira de Calibração (RBC), que atendem às normas da Associação brasileira de Normas Técnicas (ABNT) e são avaliadas pelo Inmetro. O resultado da calibração garante um certificado.

1.2 Calibração de instrumentos analíticos

De acordo com a área de pesquisa de cada laboratório de química, é possível conhecer e usar vários instrumentos analíticos. Existem aqueles básicos, como sensores e medidores de pH e de condutividade, medidores de densidade (densímetros), termômetros, calorímetros e instrumentos de vidro: pipetas, buretas, balões volumétricos, provetas, balão de Erlenmeyer, condensadores, béqueres, balões de Kitasato e picnômetros. Há ainda outros que são mais específicos, entre os quais, destacamos: espectrofotômetro, cromatógrafo, infravermelho, potenciostato, fotômetro de chama e refratômetros.

Neste capítulo, conheceremos alguns desses instrumentos e veremos como calibrá-los.

1.2.1 Fotômetro de chama

Conforme explica Matos (2015), a fotometria de emissão em chama baseia-se na excitação dos átomos por meio da introdução da amostra em uma solução na forma de aerossol em uma chama. Com essa excitação, ocorre a emissão de radiação eletromagnética nas regiões visível e ultravioleta, proporcional à concentração do analito de interesse no estado excitado.

É recomendado ligar o instrumento 30 minutos antes do início das medidas, para que ocorra a estabilidade da chama. Utilizam-se padrões de concentração conhecidas – partes por milhão (ppm) ou miliequivalente/litro (meq/L) – para cada elemento. Hoje, o mercado disponibiliza fotômetros de chama que quantificam sódio (Na), potássio (K), cálcio (Ca), bário (Ba) e lítio (Li) ao mesmo tempo.

Para calibrar o fotômetro, coloca-se a solução padrão no capilar para sua sucção e leitura. Deve-se fazer uma leitura de cada padrão, de acordo com o metal. É importante intercalar a leitura com água destilada para cada solução padrão, a fim de que ocorra a limpeza do capilar e não haja interferência na calibração. Após a calibração com as soluções-padrão, podem ser iniciadas as medidas com as amostras líquidas.

O que é

A **radiação eletromagnética nas regiões visível e ultravioleta** é o transporte de energia por meio de ondas nos campos magnéticos e elétricos que são observados em diferentes faixas de espectros, como o da luz visível, do infravermelho, do ultravioleta e de outros.

Para saber mais

OKUMURA, F.; CAVALHEIRO, E. T. G.; NÓBREGA, J. A. Experimentos simples utilizando fotometria de cama para ensino de princípios de espectrometria atômica em cursos de química analítica. **Química Nova**, São Paulo, v. 27, n. 5, p. 832-836, out. 2004. Disponível em: <https://www.scielo.br/j/qn/a/cnLjSb6BHXFMCw59pgWdNBx/?format=pdf&lang=pt>. Acesso em: 5 out. 2021.

No artigo, é mostrado o uso do fotômetro de chama para realizar a análise de amostras do cotidiano dos alunos, como água mineral, soro fisiológico, águas isotônicas e medicamentos antidepressivos à base de lítio. Com base no relato dos autores, podemos ver a aplicabilidade do instrumento analítico e a importância de sua calibração nos resultados, pois os dados experimentais são confrontados com os dados expostos nas embalagens de cada amostra.

1.2.2 Eletrodos

Eletrodo é a formação da dupla camada elétrica em um metal. Segundo Wolynec (2003, p. 20-21, grifo do original),

> Quando um metal é mergulhado numa solução aquosa, imediatamente se inicia reação [...], com a formação dos íons dentro da solução e com a permanência dos elétrons dentro do metal. Estes elétrons carregam eletricamente o metal e criam um campo elétrico dentro da solução, que faz com que os íons, que são carregados positivamente, tendam a ficar retidos na vizinhança da interface metal-solução. Após um tempo relativamente curto (fração de segundo) estabelece-se uma situação de equilíbrio [...] caracterizada pela formação da chamada dupla camada.

O eletrodo é o instrumento essencial utilizado no método potenciométrico. Sua calibração ocorre, geralmente, momentos antes de ser realizada a medida de determinado cátion (pX) ou determinado ânion (pA). Segundo Rosa, Gauto e Gonçalves (2013, p. 105),

> no método de calibração do eletrodo do tipo metálico, a constante (K) é determinada através da medida de E cel (potencial de célula) para uma ou mais soluções padrão de

pX ou pA. Considera-se que o valor de (K) não se altera ao ser trocada a solução padrão pela amostra. No momento em que ocorre a estabilização do valor da constante (K) o eletrodo metálico está calibrado.

Os eletrodos do tipo membrana são utilizados para medida de pH. Para sua calibração, empregam-se soluções tampão de valores de pH conhecidos.

A calibração é realizada com a leitura rápida de cada padrão. Geralmente, são utilizadas as soluções-tampão de pH 4,01, pH 6,86 e pH 9,18 fornecidas pelo fabricante. Para fazer a calibração, deve-se seguir o manual de instruções do instrumento. No final, o equipamento deverá apresentar uma faixa de sensibilidade entre 85% e 100%, confirmando sua calibração. É importante que as soluções-tampão estejam em temperatura ambiente no momento da calibração, e que o eletrodo seja lavado com água destilada e enxugado após cada medição, permitindo a confiabilidade dos resultados.

O que é

Existem dois tipos de eletrodos: (1) o eletrodo metálico e (2) o eletrodo de membrana. No primeiro, ocorre uma reação de oxirredução em sua superfície. Já no segundo há um potencial de junção, formado pela membrana que separa a solução do analito da solução de referência.

1.2.3 Refratômetro de Abbe

Utiliza-se o refratômetro de Abbe para calcular o índice de refração de substâncias químicas. Segundo Rosa, Gauto e Gonçalves (2013, p. 119), "o índice de refração baseia-se no fato de que a luz se desloca em velocidades diferentes em fases condensadas e no ar".

O índice de refração (η), como apresentado na Equação 1.1, é a razão entre a velocidade da luz no ar e no meio que está sendo considerado. A razão das velocidades corresponde a (sen Θ/sen φ), em que Θ é o ângulo de incidência do feixe de luz que atinge a superfície do meio e φ é o ângulo de refração do feixe de luz no meio.

Equação 1.1

$$\eta = \frac{V_{ar}}{V_{líquido}} = \frac{\text{sen } \Theta}{\text{sen } \varphi}$$

Exemplificando

Um exemplo básico para entender a difração é observar um lápis dentro de um copo com água. A imagem do lápis dentro da água fica deslocada da imagem do lápis no ar, e o objeto parece estar quebrado. Quando os raios luminosos se deslocam do lápis na água e mudam de direção no ar eles são refratados.

A seguir, a Figura 1.1 ilustra o exemplo descrito, e a Figura 1.2 mostra o mecanismo de refração a desviar o feixe de luz dos raios do Sol ao adentrar na superfície aquosa (b).

Figura 1.1 – Lápis sob difração óptica

Figura 1.2 – Refração de feixe de luz solar

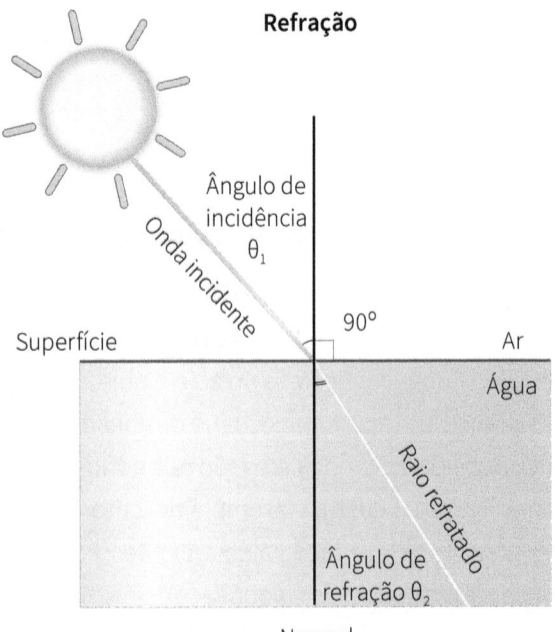

O índice de refração é útil no controle de matérias-primas, como o poder de cobertura de pigmentos de cargas e a adulteração de óleos secantes.

Zubrick (2005, p. 194) destaca que "o índice de refração é simbolizado por (η), onde o 25 é a temperatura no qual foi feita a medição e D significa o tipo de luz de uma lâmpada de sódio. O sódio emite luz amarela de comprimento de onda igual a 589 nm, a chamada linha D do sódio".

A calibração do refratômetro do tipo Abbe é realizada com água destilada na temperatura de 20 °C, sendo adicionada de 2 a 3 gotas entre os prismas e ajustado o ponteiro ao valor do índice de refração da água a 20 °C em 1,3330.

A leitura é realizada mediante o deslocamento da cremalheira até ser obtido o campo constituído de metades diferentemente iluminadas, uma clara e outra escura. É importante fazer as leituras em locais bem claros, com luz natural ou elétrica, para se ter uma visão nítida no momento em que se faz o ajuste da leitura no manejo com os espelhos do prisma.

Uma das vantagens de se utilizar o refratômetro do tipo Abbe está na quantidade de reagente necessário para a leitura, já que apenas 2 ou 3 gotas são suficientes para a leitura. Para Zubrick (2005, p. 196), "deve-se corrigir a leitura para qualquer diferença de temperatura da sua amostra, conforme é fornecida na literatura. Se não tiver esse valor, deve-se corrigir a leitura para 20 °C e 0,0004 unidades para cada grau de diferença acima do valor de referência".

1.2.4 Curva de calibração (espectrofotômetro)

Os espectrofotômetros adquirem, cada vez mais, destaque nos laboratórios químicos, sejam eles de absorção atômica, sejam de emissão atômica ou de massa. Os métodos espectroscópicos baseiam-se no princípio da transição eletrônica, isto é, as interações que ocorrem entre a matéria e a radiação eletromagnética. Esses instrumentos requerem uma calibração específica, ou seja, de acordo com as amostras com as quais se deseja trabalhar.

Para manusear esses instrumentos, é necessário calibrá-los e padronizá-los. De acordo com Skoog et al. (2006), a calibração determina a relação entre a resposta analítica e a concentração do analito, utilizando-se os padrões químicos.

É indispensável que o pesquisador tenha conhecimento de suas amostras, com relação à composição química e à faixa de concentração, pois ele deve levantar uma curva de calibração utilizando um padrão externo, preparado separadamente da amostra. Em contraste, um padrão interno é adicionado à própria amostra. Isso deve ser realizado para que ocorra a calibração da escala de absorbância do espectrofotômetro. Uma quantidade desses padrões externos contendo o analito em concentração conhecida é preparada. Geralmente, três ou mais dessas soluções são usadas no processo de calibração.

Para Skoog et al. (2006, p. 181), "A calibração é realizada obtendo-se o sinal resposta (absorbância, altura de pico, área do pico) como uma função da concentração conhecida do analito.

A curva de calibração é preparada colocando-se os dados em forma de gráfico". Uma vez realizada a curva, basta salvá-la no *software* do próprio equipamento e buscá-la quando for fazer as medições.

Exemplificando

Curva de calibração ou curva analítica

Para determinar o ferro II utilizando ortofenantrolina, segue-se o procedimento relatado por Rosa, Gauto e Gonçalves (2013, p. 111):

Passo 1: Reagentes e preparo das soluções
Solução de ferro II – Para construção da curva de calibração, prepare uma solução de estoque na concentração de 1000mg/L, a partir de 0,4978g de $FeSO_4.7H_2O$ e dissolução em balão volumétrico de 100mL com água deionizada.
Solução de orto-fanantrolina – Dissolva 0,1g de 1,10-fenantrolina monoidratada em 100mL de água destilada. Para completa dissolução, adicione duas gotas de HCl concentrado.
Solução tampão de acetato de amônio – Dissolva 0,25g de acetato de amônio em 150mL de água destilada e adicione 700mL de ácido acético glacial.

Passo 2: Construção da Curva de Calibração
Realiza-se a sequência para obtenção da curva de calibração: Com o auxílio de pipetas volumétricas, adicione em balões volumétricos de 50mL: 0,25; 0,50; 1,25; 2,5; 5,0mL de solução padrão de ferro II 10mg/L (as concentrações finais dos padrões serão de 0,05; 0,10; 0,25; 0,50; 1,0mg/L de Fe II.
Acrescente 20mL de solução de orto-fenantrolina e 10mL de solução tampão de acetato de amônio em cada balão.

Complete o volume dos balões com água deionizada, e aguarde de 5 a 10 minutos para realizar a leitura em espectrofotômetro, ajustando para o comprimento de onda de máxima absorção de 510 nm.

Por fim, plotar a curva de calibração (absorbância versus concentração).

Passo 3: Determinação de Amostras

Realiza-se a sequência para leitura e interpretação dos resultados:

Transfira 25mL da amostra previamente filtrada para um balão volumétrico de 50mL;

Adicione 20mL de solução de orto-fenantrolina de 10mL de solução tampão de acetato de amônio;

Complete o volume com água deionizada e aguarde entre 5 e 10 minutos;

Deve-se ajustar o espectrofotômetro para o comprimento de onda de 510 nm e carregar a cubeta com amostra para obtenção da leitura;

Utilize água deionizada acidificada como branco;

Para calcular os resultados, deve-se introduzir o valor de absorbância lido na equação da curva de calibração para obter o resultado.

OBS: caso a absorbância da amostra for superior à do padrão, deve-se diluir a amostra até ocorrer a leitura dentro da curva de calibração.

Exercício resolvido

1. Um grupo de alunos do curso de Química analisou a quantidade de sulfato em álcool etílico (combustível) utilizando o método da espectrofotometria para as medições. O instrumento foi calibrado com as soluções-padrão específicas. Os dados da Tabela A foram obtidos para uma curva de calibração.

   Tabela A – Dados da curva de calibração

Concentração de sulfato (mg/L)	Absorbância
0	0,02
5	2,6
10	8,1
15	12,8
20	18,4
25	21,1

   Com base nesses dados:
   a) Construa o gráfico e trace a linearidade entre os pontos.
   b) Calcule a equação da reta que representa a curva de calibração e o coeficiente de correlação (R).
   c) Calcule a concentração de sulfato em uma amostra que apresentou absorbância de 16,1 no espectrofotômetro.

   Resposta
   a) Para construção do gráfico, utilizamos o Excel. A tabela com as concentrações de sulfato *versus* a absorbância foi aplicada, e o gráfico de dispersão é o que melhor

representa essa relação. Em seguida, aplicamos a tendência linear para o ajuste dos pontos e, por fim, exibimos a equação da reta e o coeficiente de correlação (R).

Gráfico A – Absorbância do sulfato

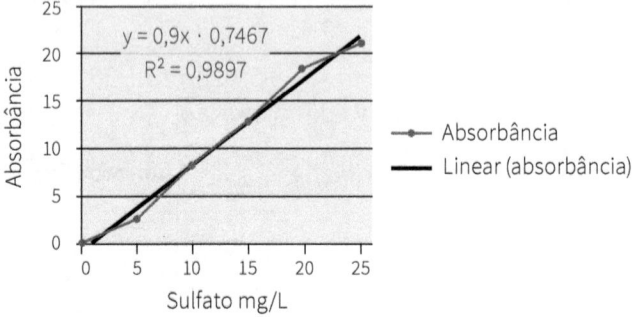

b) Para calcular a concentração do sulfato em uma amostra que obteve absorbância de 16,1, utilizamos para o cálculo a equação da reta a seguinte equação:

$$y = 0,9x - 0,7467$$

c) Sabendo que y = absorbância (eixo y do gráfico) e o x = concentração de sulfato (eixo x do gráfico), temos:

$$y = 16,1$$
$$x = ?$$
$$y = 0,9x - 0,7467$$
$$16,1 = 0,9x - 0,7467$$
$$x = 18,71 \text{ mg/L}$$

Para saber mais

ALMEIDA, J. S. et al. Determinação espectrofotométrica de sulfato em álcool etílico combustível empregando dibromosulfonazo III. **Química Nova**, São Paulo, v. 36, n. 6, p. 880-884, 2013. Disponível em: <https://www.scielo.br/j/qn/a/vmmwvKZKG3XRHp7WvMhKydz/?lang=pt&format=pdf>. Acesso em: 5 out. 2021.

Os autores do artigo utilizaram o método espectrofotométrico para análise do sulfato no álcool etílico como combustível. Com base nos resultados obtidos, podemos confirmar a aplicabilidade do instrumento analítico e a importância de sua calibração nos resultados coletados

1.3 Calibração de instrumentos volumétricos

É necessário que qualquer pessoa que trabalhe em um laboratório de química saiba distinguir e usar convenientemente cada equipamento volumétrico, de modo a reduzir ao mínimo o erro nas análises (Baccan, 1979).

As vidrarias de laboratório dizem respeito a uma imensa variedade de utensílios de vidro usados para análises, separação de misturas, reações químicas e testes em geral.

Os equipamentos volumétricos são de vidro em razão da facilidade de limpeza e para melhor visualização das substâncias neles contidas. Além disso, o vidro é praticamente inerte quase à totalidade dos produtos químicos.

De acordo com Marques e Borges (2012, p. 19):

> Existem dois tipos de vidros mais comumente utilizados: o vidro alcalino e o vidro borossilicato (Pyrex, Kontes etc). Devido ao seu alto coeficiente de expansão térmica, o vidro alcalino é pouco recomendado para os trabalhos em que existam variações bruscas de temperatura. Em um laboratório, as atividades são numerosas e bem diferentes, sendo recomendado utilizar vidrarias confeccionadas com vidros de borrossilicato.

A calibração das vidrarias é realizada pela medida de massa do líquido (água destilada ou deionizada), de densidade e temperatura conhecidas, que é contido no recipiente volumétrico. O volume ocupado por uma massa líquida varia com a temperatura, assim como o recipiente no qual ela é colocada durante a medida.

O vidro, infelizmente, apresenta um baixo coeficiente de expansão, resultando em uma variação no volume em função da temperatura. Para corrigir o erro, é necessário fixar a temperatura em 20 °C (temperatura padrão), já que, geralmente, essa é a temperatura ambiente nos laboratórios. Em seguida, deve-se realizar a correção do empuxo na calibração. Esse erro ocorre no momento da pesagem do objeto, que apresenta uma densidade significativamente diferente daquela das massas-padrão.

Segundo Skoog et al. (2006), esse erro tem origem na diferença da força de flutuação exercida pelo meio (ar) no objeto e nas massas. A correção do empuxo é realizada com a seguinte equação:

Equação 1.2

$$P_1 = P_2 + P_2 \left(\frac{d_{ar}}{d_{obj}} - \frac{d_{ar}}{d_{massa}} \right)$$

Em que:

P_1 = massa corrigida do objeto;

P_2 = massa dos padrões;

d_{obj} = densidade do objeto;

d_{massa} = densidade das massas-padrão;

d_{ar} = densidade do ar deslocados (valor de 0,0012 g/cm^3).

Em seguida, conforme Skoog, Holler e Niemen (2002, p. 44), "o volume do aparato na temperatura de calibração (T) é obtido pela divisão da densidade do líquido, naquela temperatura, pela massa corrigida. Finalmente, esse volume é corrigido para a temperatura-padrão de 20 °C".

Exercício resolvido

2. Corrija ao erro da massa do óleo de soja em razão do efeito do empuxo.

    Dados:
    - Vidraria utilizada para a pesagem (um erlenmeyer): 5,4520 g;
    - Densidade do óleo de soja ou objeto: 0,93 g/cm^3;
    - Massa do óleo de soja: 10,5450 g;
    - Densidade massa (aço inoxidável): 8 g/cm^3;
    - Densidade do ar: 0,0012 g/cm^3;

    Resposta

    Para a obtenção da massa aparente do óleo decorrente do empuxo, é utilizada a Equação 1.2.

Cálculo:

Massa aparente: massa do óleo − massa do erlenmeyer;

Massa aparente: 10,5450 g − 5,4520 g;

Massa aparente: 5,093 g;

$$P_1 = P_2 + P_2 \left(\frac{d_{ar}}{d_{obj}} - \frac{d_{ar}}{d_{massa}} \right)$$

$$P_1 = 5{,}093 + 5{,}093 \left(\frac{0{,}0012}{0{,}93} - \frac{0{,}0012}{8} \right)$$

$$P_1 = 5{,}098 \text{ g}$$

Comparando a pesagem aparente de 5,093 g para a corrigida de 5,098 g, verifica-se que ocorreu uma variação na terceira casa decimal.

De acordo com Skoog et al. (2006, p. 36), "O coeficiente de expansão para uma solução aquosa diluída (aproximadamente 0,025%/°C) é tal que uma variação de 5 °C tem um efeito mensurável na confiabilidade de medidas volumétricas normais".

A Equação 1.3 mostra como requerer correções para diferenças de temperatura em medidas de volume de soluções à temperatura padrão de 20 °C e coeficiente de expansão de soluções de 0,025%/°C:

Equação 1.3

$$V_{20\,°C} = V_{Temp.\,X\,°C} + 0{,}025\% \cdot (20 - \text{Temperatura } X\,°C)\, V_{Temp.\,X\,°C}$$

Exercício resolvido

3. Em uma temperatura ambiente de 20 °C, calcule o volume que ocuparia uma amostra de 60 mL de ácido acético a 5 °C.

   Dados:

   - Coeficiente de expansão 0,025% °C = 0,00025;
   - 60,100 mL;
   - 59,479 mL;
   - 61,346 mL;
   - 60,045 mL;
   - 60,225 mL.

   Resposta

   Para a temperatura de 20 °C, utiliza-se a fórmula

   $V_{20°C} = V_{5°C} + 0,00025(20 - 5)60$.

   Cálculo:

   $V_{20°C} = V_{5°C} + 0,00025 \cdot (20 - 5) \cdot 60$

   $V_{20°C} = 60 + 0,00025 \cdot (20 - 5) \cdot 60$

   $V_{20°C} = 60,225$ mL

Antes de iniciar os procedimentos de calibração das vidrarias volumétricas, é importante que elas estejam rigorosamente limpas, pois a presença de substâncias gordurosas nas paredes internas pode induzir a erros nos resultados. É preciso verificar se o instrumento volumétrico está limpo, enchendo-o com água e observando seu escoamento. Se ele apresentar uma película não uniforme de água nas paredes internas ou gotejamento no instrumento, é necessária sua limpeza.

Geralmente, a limpeza das vidrarias volumétricas é realizada com água e detergente. Porém, em alguns casos, é necessária uma limpeza mais rigorosa, em razão do contato prolongado com regentes ou no caso de o solvente evaporar. Utiliza-se, para isso, uma solução sulfocrômica ou uma solução de etanolato de sódio ou de potássio. Um equipamento volumétrico é identificado como limpo quando passa pelo teste do filme homogêneo de água, isto é, a água escorre uniformemente por suas paredes internas.

Pipetas e buretas não precisam estar secas para a calibração, mas os balões volumétricos devem ser rigorosamente secados à temperatura ambiente. A água utilizada para a calibração deve estar em equilíbrio térmico com o ambiente e ser destilada ou deionizada.

1.3.1 Calibração de pipetas

No ambiente de laboratório, utilizam-se dois tipos de pipetas: (1) as graduadas e (2) as volumétricas.

Para Beatriz (2007, p. 58), "São aparelhos de medidas precisas de volumes de líquidos. O líquido é introduzido por sucção, aplicada na parte superior, até acima do menisco". Denomina-se *pipeta graduada* aquela utilizada para medir e transferir volumes variáveis de líquidos e soluções de acordo com sua capacidade, com precisão maior do que a da proveta.

Todas as pipetas apresentam na parte superior a temperatura de 20 °C, padrão de calibração do equipamento. Também informam o volume total e a escala, por exemplo, "10in 1/10" significa que o volume total da pipeta que é de 10 mL e sua escala é de 0,1 mL.

Com relação ao escoamento, as pipetas graduadas são classificadas em dois tipos: (1) de escoamento parcial (Mohr) e (2) de escoamento total. Deve-se ficar atento a essa diferença, uma vez que ela pode provocar erros experimentais. As de escoamento parcial são calibradas para que nem todo o volume seja escoado, apresentando duas linhas na extremidade superior. Já as pipetas de escoamento total são calibradas para que todo o conteúdo escoe, apresentando apenas uma linha na extremidade superior e sendo graduada até a extremidade inferior.

O menisco é outro fator muito importante ao qual se deve atentar na calibração de pipetas, como também das buretas e dos balões volumétricos. Trata-se da curvatura formada quando um líquido é retido em um tubo estreito, que se refere à interface entre o ar e o líquido a ser medido. Para não ocorrer um erro de paralaxe (mudança aparente da posição do objeto observado, causado pela mudança da posição do observador), deve, o observador, olhar de frente para o nível da superfície do líquido e, assim, olhar o menisco.

Para soluções incolores, coloca-se o menisco inferior na marca de calibração, ao passo que, nas soluções coloridas, o acerto se faz na parte superior do menisco.

A pipeta volumétrica é utilizada para medir e transferir um volume fixo de líquidos e soluções com mais precisão do que a pipeta graduada.

1.3.2 Calibração de uma pipeta volumétrica

Para calibrar uma pipeta volumétrica, inicialmente, deve-se calcular a massa do recipiente (erlenmeyer) vazio até a casa dos miligramas. Depois, transfere-se a quantidade de água destilada (em temperatura ambiente, verificada no momento da pesagem) escoada da pipeta para o erlenmeyer e, então, pesar o conjunto, novamente com precisão em miligramas. A massa de água deve ser calculada pela diferença entre as duas massas que foram pesadas, como demonstra a Equação 1.4. Determina-se o volume dispensado da pipeta usando sua densidade em função da temperatura (ver na Tabela 1.11 a densidade da água de acordo com a temperatura). Em alguns casos, é necessário fazer a interpolação das temperaturas.

Tabela 1.1 – Valores para densidade da água em diferentes temperaturas

Temperatura (°C)	Densidade absoluta da água (g/cm³)
18	0,99862
19	0,99842
20	0,99823
21	0,99814
22	0,99803

Em que:

▫ Massa do erlenmeyer vazio = $m(erlen.)_{vazio}$;
▫ Massa do erlenmeyer com água = $m(erlen.)_{água}$;

- Massa da água = m_{H_2O};
- Densidade da água (g/cm³) 21 °C = 0,99814 (valor tabelado na literatura).

Equação 1.4

$m_{H_2O} = m(\text{erlen.})_{\text{água}} - m(\text{erlen.})_{\text{vazio}}$

Utilizando a equação da densidade, calcula-se o volume dispensado da pipeta:

Equação 1.5

$$\rho = \frac{m}{v} \qquad v = \frac{m}{\rho}$$

Em seguida, calcula-se o erro relativo entre as medidas:

Equação 1.6

$$Er = \frac{(v_1 - v_2) \cdot 100}{v_m}$$

Em que:
V_1 = volume da pipeta da medida 1;
V_2 = volume da pipeta da medida 2;
V_m = média das medidas V_1 e V_2.

É importante realizar a calibração no mínimo em duplicata, sendo que o erro relativo entre as duas medidas não deve ultrapassar 0,1% nas calibrações. A literatura apresenta um limite de erro tolerável para as pipetas volumétricas, como podemos observar na Tabela 1.2. Assim, para uma pipeta de capacidade de 50 mL, o desvio máximo aceitável é de ± 0,05, isto é, a capacidade pode ser expressa como 50 ± 0,05 mL.

Tabela 1.2 – Limite de erro tolerável para pipetas volumétricas ±

Capacidade (mL)	Erro absoluto (mL)
5	± 0,005
10	± 0,01
25	± 0,02
50	± 0,05
100	± 0,1

Em trabalhos que requerem muita precisão, as pesagens devem ser corrigidas com respeito ao empuxo do ar, como demonstra a Equação 1.2, citada anteriormente.

O que também deve ser aferido é o tempo de escoamento da pipeta, pois dele depende o teor em líquido que fica aderente às paredes internas. Como exemplo, pode-se explicar que, para uma pipeta de 5 mL, o tempo mínimo de escoamento é de 15 segundos, ao passo que para uma de 50 mL é de 30 segundos, conforme a Tabela 1.3.

Tabela 1.3 – Tempo mínimo de escoamento para pipetas volumétricas

Capacidade (mL)	Tempo (segundos)
5	15
10	20
25	25
50	30
100	40

Um escoamento muito rápido pode significar que há uma ponta da pipeta quebrada, e que isso pode levar a resultados não reprodutivos. Já um escoamento muito lento pode ocorrer por causa de algo que interrompe a passagem do líquido, o que torna o tempo de análise muito demorado. Segundo Baccan et al. (1979, p. 159), "Se o escoamento for muito rápido, o diâmetro da abertura da ponta da pipeta deve ser diminuído convenientemente na chama de um bico de bunsen e se for muito lento, torna-se necessário aumentá-lo (lixar levemente a ponta), até que o tempo requerido seja obtido".

Para saber mais

BATISTA, E. (Coord.). Cálculo da incerteza na calibração de material volumétrico. **Guia Relacre**, n. 24, set. 2012. Disponível em: <https://www.relacre.pt/assets/relacreassets/files/commissionsandpublications/Guia%20RELACRE%2024_C%c3%81LCULO%20DA%20INCERTEZA%20NA%20CALIBRA%c3%87%c3%83O%20DE%20MATERIAL%20VOLUM%c3%89TRICO.pdf>. Acesso em: 6 out. 2021.

O principal objetivo desse guia é fornecer informações detalhadas e rigorosas que permitam determinar de forma clara e inequívoca a incerteza associada à calibração de material volumétrico. O material apresenta uma equação matemática utilizando o método gravimétrico com mais parâmetros. A equação recomendada está escrita na norma ISO 4787. É uma leitura para aqueles que querem se aprofundar nas análises de calibração de vidrarias.

1.3.3 Calibração de uma bureta

A bureta também é um aparelho de medida de volume de precisão que serve para dar escoamento a volumes variáveis de líquidos. Para Beatriz (2007, p. 97), "São constituídas de tubos de vidro uniformemente calibrados, graduados em 1ml e 0,1mL. São providas de dispositivos, torneiras de vidro ou polietileno entre o tubo graduado e sua ponta afilada, que permite o fácil controle do escoamento", sendo, especialmente por isso, usadas em titulações, uma técnica volumétrica. Além do tempo de escoamento e da aferição do menisco, o preenchimento da bureta deve ser um passo importante. Ela deve ser preenchida totalmente, isto é, até depois da torneira, e sem nenhuma bolha de ar.

Curiosidade

A titulação é uma técnica bastante aplicada na volumetria de neutralização, precipitação, complexação e oxirredução, com objetivo de quantificar a concentração de um analito em soluções aquosas. A bureta é a principal vidraria utilizada para a realização dessa análise.

Para iniciar a calibração, deve-se preencher a bureta com água destilada e certificar-se de que não existem bolhas de ar na ponta. Em seguida, nivela-se o líquido até trazer o menisco para a marca de 0,00 mL. Se a torneira estiver firme, pode-se escoar o líquido para um erlenmeyer pesado previamente.

Deve-se utilizar a Equação 1.4, isto é, a diferença entre a massa de água dispensada e a inicial. Depois, deve-se fazer a conversão de massa em volume real (densidade da água a temperatura 20 °C). Subtrai-se então o volume aparente do volume real – essa diferença é a correção que deve ser aplicada ao volume aparente para se obter o volume real. As buretas também têm um limite de erro tolerável de acordo com sua capacidade, conforme a Tabela 1.4.

Tabela 1.4 – Limite de erro tolerável para buretas

Volume da bureta (mL)	Limite de erro tolerável (mL)
5	± 0,01
10	± 0,02
25	± 0,03
50	± 0,05
100	± 0,10

1.3.4 Calibração de um balão volumétrico

Trata-se de um balão de fundo chato e gargalo comprido, calibrado para conter determinados volumes de líquidos. É provido de uma rolha esmerilhada de vidro ou de polietileno.

Para Beatriz (2007, p. 95),

> O traço de referência marcando o volume pelo qual o balão volumétrico foi calibrado é gravado sobre a meia altura do gargalo (bulbo). A distância entre o traço de referência e a boca

do gargalo deve ser relativamente grande para permitir a fácil agitação (a solução deve ser bem homogeneizada), depois de ser completado o volume até a marca O traço de referência é gravado sob a forma de uma linha circular, tal que, por ocasião da observação, o plano tangente à superfície inferior do menisco tem que coincidir com o plano do círculo de referência.

O ajuste do menisco ao traço de referência deverá ser feito com a maior precisão possível.

Para a calibração de um balão volumétrico, é preciso que ele esteja limpo e seco. Deve-se pesá-lo seco até a precisão de miligramas e depois preenchê-lo com água destilada a temperatura de 20 °C até sua marca de calibração. Calcula-se a diferença de massa (Equação 1.4), e a conversão da massa em volume real (densidade da água a 20 °C). Em seguida, determina-se o erro relativo.

Segundo a literatura, cada balão volumétrico apresenta um limite de erro permissível, de acordo com sua capacidade, como descreve a Tabela 1.5. Um exemplo é o balão volumétrico de 25 mL, que apresenta um erro admissível máximo de ± 0,03 mL.

Tabela 1.5 – Limite de erro tolerável para balões volumétricos

Capacidade (mL)	Erro máximo admissível (mL)
1	± 0,01
2	± 0,0015
5	± 0,02
10	± 0,02
25	± 0,03
50	± 0,05
100	± 0,08

1.4 Vidrarias diversas

O Quadro 1.1 apresenta uma lista das principais e mais comuns vidrarias em um laboratório.

Quadro 1.1 – Principais instrumentos utilizados no laboratório de química

Vidraria/equipamento Aplicação	Imagem
Tubo de ensaio Usado principalmente para testes de reação.	
Becker Usado para aquecimento de líquidos, reações de precipitação etc.	
Erlenmeyer Usado para titulações e aquecimento de líquidos.	

(Continua)

(Quadro 1.1 – continuação)

Vidraria/equipamento Aplicação	Imagem
Balão de fundo chato Usado para aquecimento e armazenamento de líquidos.	
Balão de fundo redondo Usado para aquecimento de líquidos e reações de desprendimento de gases.	
Balão volumétrico Usado para preparar e diluir soluções.	
Pipeta volumétrica Usada para medir volumes fixos de líquidos. **Pipeta graduada** Usada para medir volumes variáveis de líquidos.	

Francesco Milanese, Loekiepix, Shuttertum e Rabbitmindphoto/Shutterstock

(Quadro 1.1 – continuação)

Vidraria/equipamento Aplicação	Imagem
Suporte universal Usado para segurar vidrarias.	
Proveta Usada para medidas aproximadas de líquidos.	
Funil de vidro Usado em transferência de líquidos e filtrações.	
Cadinho de porcelana Usado para aquecimento a seco no bico de Bunsen e em Mufla.	

Soleil Nordic, rosarioscalia, wacpan e WITSALUN/Shutterstock

(Quadro 1.1 – continuação)

Vidraria/equipamento Aplicação	Imagem
Bastão de vidro Usado para agitar soluções e transportar líquidos na filtração.	
Bico de Bunsen Com tripé de ferro e tela de amianto, é usado para aquecimento de laboratórios.	
Funil de decantação Usado para separação de líquidos imiscíveis.	
Almofariz e pistilo Usados para triturar e pulverizar sólidos.	

(Quadro 1.1 – conclusão)

Vidraria/equipamento Aplicação	Imagem
Placa de Petri Usado para fins diversos.	
Pinça metálica Casteloy Usada para transporte de cadinhos e outros fins.	
Espátula Usada para transferência de substâncias sólidas.	
Pera Pipetador Usados para pipetar soluções.	

Medvedka, Rabbitmindphoto, Anak Surasarang e historiasperiodicas/Shutterstock

Consultando a legislação

ABNT – Associação Brasileira de Normas Técnicas. **NBR 14785**: Laboratório clínico – requisitos de segurança. Rio de Janeiro, 2001.

Indicamos a leitura da NBR 14785:2001, da ABNT (2001), que propõe algumas medidas de segurança para prevenção dos riscos existentes no ambiente laboratorial, a fim de permitir aos usuários a realização da manipulação dos instrumentos e das vidrarias do laboratório, que é uma atividade salubre, com resultados eficientes qualitativos e quantitativos (ABNT, 2001, p. 4):

a. identificação e monitorização dos riscos químicos;
b. boas práticas no manuseio de substâncias químicas, requisitos sobre a rotulagem, estoque e descarte adequados;
c. obtenção, manutenção e distribuição de instruções sobre a utilização do material de proteção para o pessoal, de forma a garantir que todos tenham acesso às informações durante todo o tempo de funcionamento do laboratório clínico;
d. desinfecção, limpeza e descontaminação de equipamentos e de superfícies;
[...]
g. estabelecer a necessidade de treinamento do pessoal e respectivo registro.

Além dessas recomendações, é necessário:

- Usar barreiras de proteção – Jaleco, óculos, luvas, sapatos fechados, máscara de proteção respiratória, capela de exaustão.

- Tomar precauções universais – Não se alimentar no laboratório, não fumar, não se maquiar, não utilizar adornos, mantendo cabelos e barbas protegidos;
- Contar com dispositivos de higiene e proteção – Lava-olhos, chuveiro de emergência e extintores para ocorrências de emergências.
- Cuidar dos equipamentos elétricos – Não deixá-los ligados após o término da atividade; identificar quando estiverem aquecidos e ligados.
- Realizar o descarte adequado – Utilizar recipientes de acordo com cada tipo de resíduo: perfurocortantes, biológicos, químicos, contaminantes e comuns.

Síntese

Neste capítulo, abordamos termos referentes a análises químicas analíticas. Cabe destacar que, antes de iniciar a utilização de equipamentos e vidrarias, é necessário obter conhecimentos de suas finalidades e aprender qual é a maneira correta de sua utilização.

Nesse sentido, apresentamos os equipamentos e as vidrarias mais utilizadas em processos analíticos. Além disso, relatamos brevemente como deve ser realizada a calibração de alguns deles, como o refratômetro de Abbe, o fotômetro de chama e o eletrodo do pHmetro.

Mostramos também o passo a passo para a elaboração de uma curva de calibração do equipamento espectrofotômetro – o qual será abordado com maior ênfase nos Capítulos 2 e 3. Também discorremos sobre a calibração volumétrica em vidrarias: balão volumétrico, pipeta, pipeta volumétrica e bureta.

Por fim, apresentamos um quadro contendo as principais vidrarias utilizadas no ambiente laboratorial, assim como algumas normativas sobre medidas de segurança, as quais devem serem adotadas para uma atividade realizada de forma salubre pelo manipulador do laboratório.

Capítulo 2

Espectrofotometria

Conteúdos do capítulo:

- Radiação eletromagnética e suas interações.
- Instrumentação da espectrofotometria óptica.
- Tipos de Instrumentos ópticos.
- Atomização das amostras.
- Tipos de espectrofotometria.
- Lei de Lambert-Beer.
- Seleção do método

Após o estudo deste capítulo, você será capaz de:

1. definir o que é espectrofotometria;
2. identificar os materiais e os equipamentos necessários à prática;
3. compreender a resolução do espectro nos objetos amostrais;
4. conceituar a lei de Lambert-Beer acerca dos fenômenos de absorção da luz;
5. apontar os tipos de análise por espectrofotometria;
6. selecionar o método analítico de espectrofotometria de acordo com o resultado pretendido.

A espectrofotometria é um método analítico utilizado em determinações de concentrações de elementos orgânicos e inorgânicos em diversas áreas. Os métodos espectrométricos têm como base a interpretação da interação da radiação do espectro eletromagnético com as matérias, as quais compõem as substâncias a serem analisadas e quantificadas, por espectrofotometria atômica e molecular.

Neste capítulo, abordaremos os tipos de espectrofotometrias utilizadas na caracterização de materiais sólidos, líquidos e soluções, a partir de vibrações intermoleculares, polarizações com captação do campo eletromagnético oscilante da radiação – via espectros de luz – e ondas eletromagnéticas captadas por equipamentos específicos.

Os aparelhos que fornecem captação dos espectros convertem os sinais e caracterizam as matérias, sendo que cada molécula emite uma vibração de emissão e de absorção na onda espectral, podendo, assim, ser identificada.

Entre esses equipamentos, estão: fonte estável de energia radiante; recipiente transparente para conter a amostra; dispositivo que isola uma região restrita do espectro para a medida; detector de radiação, que converte a radiação em sinal elétrico; processador; e dispositivo de saída – que apresenta, em um monitor, o sinal traduzido em uma escala de medida. Merecem destaque os seguintes equipamentos: espectrofotômetro, espectroscópio, fotômetro de chama e espectrógrafo. Para preparação das amostras, utilizaremos métodos de atomização.

Veremos que os tipos de espectrofotometria mais comuns são a espectrofotometria de absorção atômica, a espectrofotometria de ressonância magnética nuclear e a espectrofotometria de massa.

Por fim, mostraremos que a seleção do método analítico de espectrofotometria depende do resultado que se pretende obter, seja por quantificação de concentrações, seja por caracterização dos elementos, já que cada faixa espectral determina a presença de cada um deles com suas emissões de radiação por meio das vibrações moleculares.

2.1 Radiação eletromagnética e suas interações

A espectrofotometria é usada, principalmente, para identificar compostos e determinar informações estruturais. Com o espectro de absorção, são obtidos dados conclusivos das composições das moléculas. Estas, por sua vez, assim como suas ligações, dispendem energia vibracional captada por interação com as faixas espectrais (Cuesta H.; Olmedo, 2015).

O que é

Faixas espectrais são intervalos do espectro eletromagnético que emitem radiação por meio de ondas eletromagnéticas, como onda de rádio, micro-ondas, infravermelho, luz visível, luz ultravioleta, raios X e raios gama.

A unidade do comprimento de onda utilizada no Sistama Internacional (SI) é o metro (m), mas podemos encontrar também as seguintes unidades:

- Angstrom (Å) – Equivale a 10^{-10} m.
- Nanômetro (nm) – Equivale a 10^{-9} m.
- Micrômetro (μm) – Equivale a 10^{-6} m.

Na Figura 2.1, a seguir, podemos observar o espectro eletromagnético com suas faixas de comprimento de onda em metros e exemplos de suas aplicações

Figura 2.1 – Espectro eletromagnético

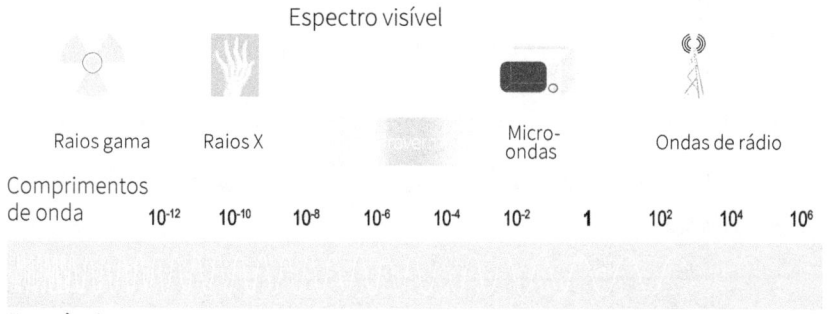

Espectro visível

Raios gama   Raios X   Micro-ondas   Ondas de rádio

Comprimentos de onda 10^{-12} 10^{-10} 10^{-8} 10^{-6} 10^{-4} 10^{-2} 1 10^{2} 10^{4} 10^{6}

Frequência

Designua/Shutterstock

Para saber mais

NASA – National Aeronautics and Space Administration. **Tour do espectro eletromagnético (Nasa)**: completo – legendado em português. 2014. Disponível em: <https://www.youtube.com/watch?v=2p7FPFvu_j0>. Acesso em: 7 out. 2021.

Esse vídeo explana de forma lúdica as faixas do espectro eletromagnético e suas aplicações no Universo.

Skoog, Holler e Nieman (2002) descrevem de forma básica as propriedades da onda senoidal do espectro da radiação eletromagnética, como ilustra a Figura 2.2, apresentando, em seus parâmetros:

- Comprimento de onda (λ) – É a distância do movimento, ou seja, a interferência vibracional da matéria, por todo o período.
- Amplitude (A) – É a distância entre os vales no nível de equilíbrio.

- Frequência (f) – Determina o número de ciclos por unidade de tempo.
- Período (T) – É o espaço de tempo para a vibração percorrer o ciclo completo.
- Velocidade (v) – É o espaço percorrido por unidade de tempo.

Matematicamente, a frequência é expressa como o inverso do período:

Equação 2.1

$$f = \frac{1}{T}$$

O comprimento de onda relaciona a velocidade da propagação da luz com o período:

Equação 2.2

$$l = v \cdot T$$

As ondas do espectro têm como meio de propagação o vácuo, no qual a velocidade da luz é, aproximadamente, de 300.000 quilômetros por segundo (km/s).

Os métodos espectroscópicos captam, por fenômenos de absorção e de emissão de energia radiante, feixes de partículas discretas distribuídas no comprimento de onda do espectro eletromagnético, chamadas de *fótons*.

Albert Einstein (1879-1955) explicou que cada fóton carrega um quantum de luz e que a energia de cada fóton é proporcional a sua frequência. Einstein destacou ainda que cada fóton é uma partícula com energia, velocidade de propagação e localização no espaço (Martins; Porto, 2018).

Como a energia do fóton é proporcional à frequência, Max Planck (1858-1947) e Einstein quantificaram essa energia da seguinte maneira:

Equação 2.3

$E = h \cdot f$

Em que:
E = energia do fóton;
h = constante de Planck ($6{,}62607004 \cdot 10^{-34}\,m^2\,kg/s$);
f = frequência dada pela velocidade da luz e o comprimento de onda: $f = v/l$.

Gráfico 2.1 – Onda senoidal e seus parâmetros

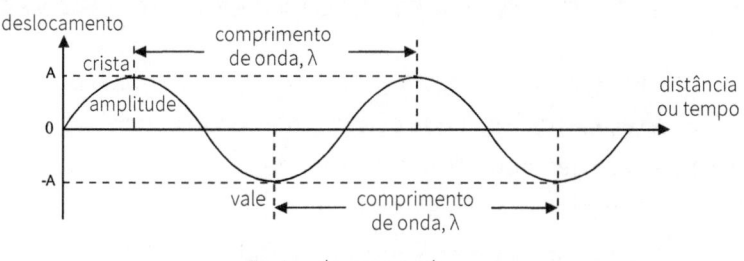

Partes de uma onda

Exercício resolvido

1. Determine a faixa de comprimento de onda que apresenta uma frequência de 100.000 ciclos por segundo no vácuo.

   Resposta

   Primeiramente, utilizamos a Equação 2.1 para obter o valor do período:

   $f = \dfrac{1}{T}$

$$100.000 = \frac{1}{T}$$

T = 0,000001 s

Com o resultado do período e o dado da velocidade da luz no vácuo, calculamos o comprimento de onda com a Equação 2.2:

$$l = v \cdot T$$
$$l = 3 \cdot 10^{10} \cdot 1 \cdot 10^{-6}$$
$$l = 3 \cdot 10^{4} \text{ cm} = 300 \text{ m}$$

Portanto, é uma onda curta, na faixa entre 101 e 103, caracterizada como *onda de rádio* no espectro eletromagnético.

A observação percebida na espectrofotometria é dada por uma interação – denominada *polarização* – entre a radiação e a matéria, a depender de sua velocidade no vácuo, de seu tipo e da concentração de átomos, moléculas ou íons do meio. Na polarização, o excesso de energia liberado gera fótons, sendo caracterizada por meio do espectro de emissão e absorção, formando um gráfico de potência relativa da radiação emitida/absorvida em função do comprimento de onda ou da frequência.

O Gráfico 2.2 apresenta um exemplo de um composto químico, o parabeno, com sua curva de absorção em função do comprimento de onda. No corpo do gráfico, é mostrada a fórmula de índice de absorção, que é dada pela intensidade do feixe incidente dividida pela intensidade do feixe refletido.

Gráfico 2.2 – Espectro de absorção do composto químico parabeno na faixa de comprimento de onda ultravioleta

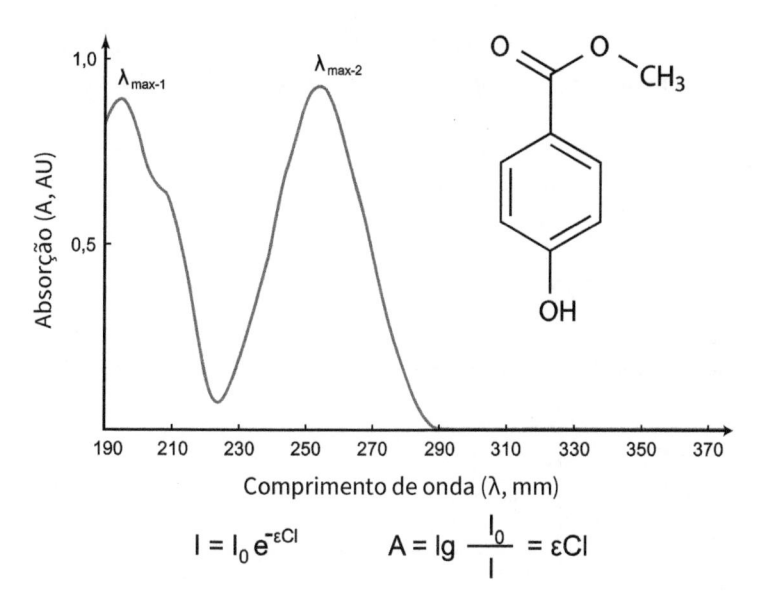

$$I = I_0 e^{-\varepsilon Cl} \qquad A = \lg \frac{I_0}{I} = \varepsilon Cl$$

O que é

A **polarização**, no contexto de interação da radiação com moléculas, íons e átomos, é a deformação temporária da nuvem eletrônica provocada pelo campo eletromagnético oscilante da radiação.

A relação dos fenômenos de transmissão da radiação para os métodos espectroscópicos com o espectro eletromagnético e o tipo de comportamento das transições das moléculas é abordada na Tabela 2.1, a seguir.

Tabela 2.1 – Relação dos tipos de transmissão da radiação nos métodos espectroscópicos baseados na radiação eletromagnética

Tipo de Espectroscopia	Intervalo Usual de Comprimento de Onda*	[...]	Tipo de Transição Quântica
Emissão de raios gama	0,005-1,4 Å		Nuclear
Absorção, emissão, fluorescência e difração de raios X	0,1-100 Å		Elétrons internos
Absorção ultravioleta no vácuo	10-180 nm		Elétrons de ligação
Absorção, emissão, fluorescência ultravioleta-visível	180-780 nm		Elétrons de ligação
Absorção infravermelha e espalhamento Raman	0,78-300 µm		Rotação/vibração de moléculas
Absorção de micro-ondas	0,75-3,75 mm		Rotação de moléculas
Ressonância de spin eletrônico	3 cm		Spin dos elétrons em um campo magnético
Ressonância magnética nuclear	0,6-10 m		Spin dos núcleos em um campo magnético

* $1 \text{ Å} = 10^{-10} \text{ m} = 10^{-8} \text{ cm}$
$1 \text{ nm} = 10^{-9} \text{ m} = 10^{-7} \text{ cm}$
$1 \text{ µm} = 10^{-6} \text{ m} = 10^{-3} \text{ cm}$

Fonte: Skoog; Holler; Nieman, 2002, p. 119.

A transmissão da radiação ocorre em razão da interação da polarização das espécies atômicas e moleculares que constituem o meio. Através de uma interface entre dois meios transparentes com densidades diferentes passa um feixe de luz, que é desviado entre os meios densos, ocasionando a refração-transmissão.

A variação do índice de refração de uma substância com seu comprimento de onda é chamada de *dispersão*. Uma fonte excitada é caracterizada como espectro de emissão, fornecendo sua energia como fótons, e parte dessa energia pode ser absorvida pela matéria, gerando o espectro de absorção. Se o feixe de luz não tiver sua direção de propagação retilínea, ocorre a difração. A fração da intensidade da radiação refletida com a intensidade da radiação incidente é dada como *reflexão* (Martins; Porto, 2018). A Figura 2.2 ilustra algumas propriedades da luz.

Figura 2.2 – Propriedades da luz

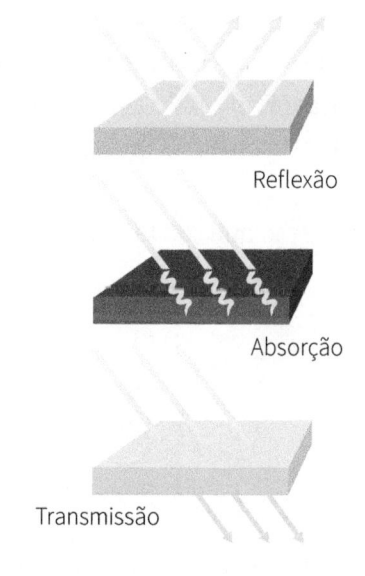

Reflexão

Absorção

Transmissão

OSweetNature/Shutterstock

Rocha e Teixeira (2004) explicam que os procedimentos de espectrofotometria envolvem medidas diretas de espécies que absorvem radiação, obtidas após derivação química e acoplamento a diversas técnicas ou processos, como cromatografia, eletroforese e análises em fluxo.

2.2 Instrumentos de espectrofotometria óptica

Os métodos espectroscópicos têm como referência os fenômenos de absorção, fluorescência, fosforescência, espalhamento, emissão e quimiluminescência.

Para a instrumentação de cada tipo de método espectroscópico, existem diversos equipamentos separados, de acordo com Skoog, Holler e Nieman (2002), dos quais destacamos:

- uma fonte estável de energia radiante;
- um recipiente transparente para conter a amostra;
- um dispositivo que isola uma região restrita do espectro para a medida;
- um detector de radiação que converte a radiação em sinal elétrico;

- um processador;
- um dispositivo de saída que apresenta o sinal traduzido em uma escala de medida em um monitor.

Skoog, Holler e Nieman (2002) apresentam cinco componentes, conforme demonstra a Figura 2.3, para a espectrofotometria óptica (visível, ultravioleta e infravermelho):

1. Uma fonte estável de energia radiante geralmente utiliza lâmpadas específicas, de cátodo oco, como o xenônio (250-600 nm), para fluorescência molecular, tungstênio/halogênio (240-2500 nm) e fonte de Nernst (400-20.000 nm), para absorção molecular.
2. Um seletor de comprimento de onda que isola uma região limitada do espectro para a medida.
3. Recipientes para amostra (cubetas ou celas).
4. Um detector de radiação que converte a energia radiante para um sinal elétrico mensurável.
5. Uma unidade de processamento e de leitura do sinal: um computador.

Figura 2.3 – Modelo de espectrômetro e seus componentes

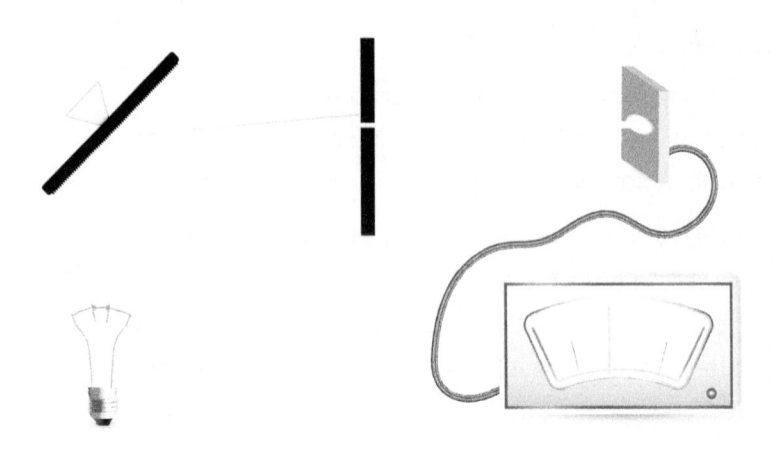

extender_01/Shutterstock

Deve-se observar que as análises de absorção, fluorescência, fosforescência e espalhamento utilizam uma fonte externa de energia radiante. Já nas análises de emissão e de quimiluminescência, a fonte induz a amostra a emitir a radiação.

A seguir, apresentamos o fluxograma da instrumentação para cada método espectroscópico (Figura 2.4). Tal instrumentação fornece uma sequência de funções e passos que são acoplados no equipamento, que, hoje em dia, é de fácil manuseio, com normas a serem seguidas, que padronizam os resultados e caracterizam os materiais de acordo com dados tabelados e empíricos.

Figura 2.4 – Componentes dos métodos da espectrofotometria óptica

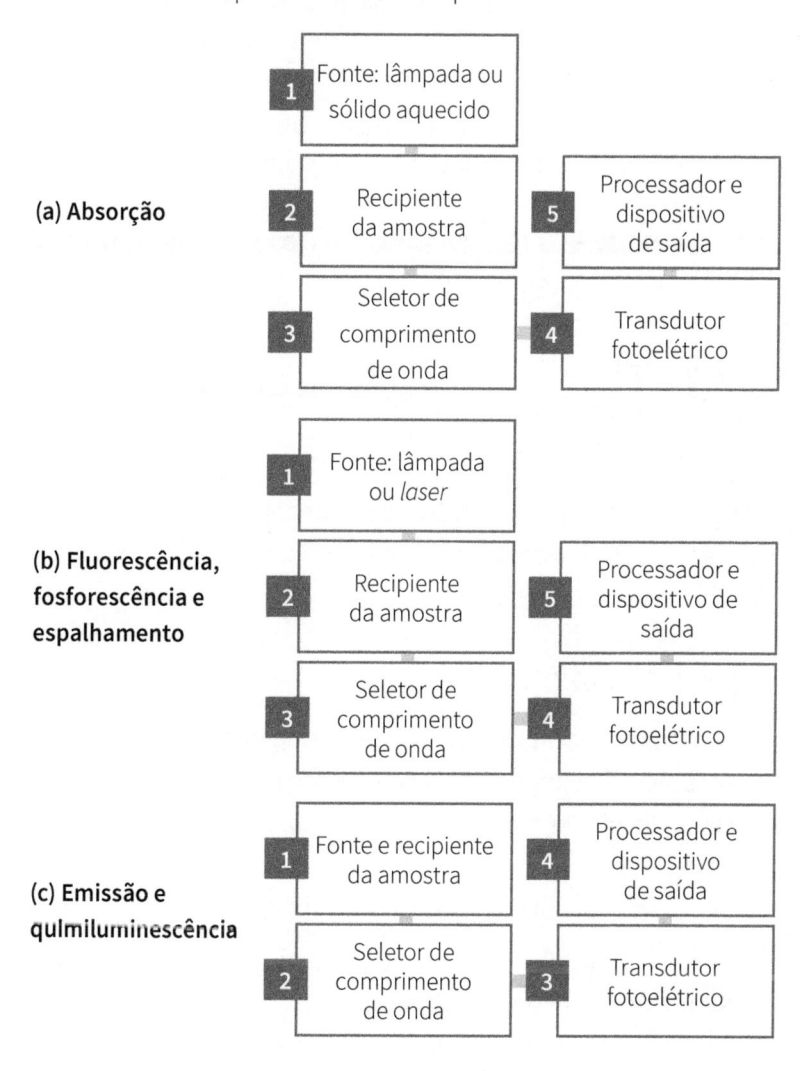

(a) Absorção

1. Fonte: lâmpada ou sólido aquecido
2. Recipiente da amostra
3. Seletor de comprimento de onda
4. Transdutor fotoelétrico
5. Processador e dispositivo de saída

(b) Fluorescência, fosforescência e espalhamento

1. Fonte: lâmpada ou *laser*
2. Recipiente da amostra
3. Seletor de comprimento de onda
4. Transdutor fotoelétrico
5. Processador e dispositivo de saída

(c) Emissão e quimiluminescência

1. Fonte e recipiente da amostra
2. Seletor de comprimento de onda
3. Transdutor fotoelétrico
4. Processador e dispositivo de saída

Fonte: Elaborado com base em Skoog; Holler; Nieman, 2008.

Para saber mais

MENDES, M. **Funcionamento de um espectrofotômetro de luz visível e ultravioleta**. 12 dez. 2009. Disponível em: <https://www.youtube.com/watch?v=R4ZT3g2-Ryg&t=31s>. Acesso em: 7 out. 2021.

O vídeo demonstra como é o funcionamento do equipamento usado na quantificação das moléculas vibracionais de uma amostra a partir de feixes espectrais.

2.2.1 Tipos de instrumentos ópticos

A seguir, mencionaremos alguns equipamentos e acoplamentos que fazem parte da captação, da decodificação e da transmissão dos dados ópticos de materiais.

Espectroscópio

Instrumento óptico usado para a identificação visual de linhas de emissão atômicas por meio da transformada de Fourier por radiação no infravermelho (FTIR, do inglês *Fourier transform infrared*).

De acordo com Skoog et al. (2006, p. 734),

> Os espectrofotômetros com a transformada de Fourier detectam todos os comprimentos de onda ao mesmo tempo. Apresentam maior aproveitamento da potência luminosa do que os instrumentos dispersivos e, consequentemente, melhor precisão. Embora a computação da transformada

de Fourier seja algo complexo, ela é facilmente realizada pelos computadores pessoais modernos de alta velocidade e baixo custo.

A maioria dos FTIR são do tipo de feixe único. Para medir o espectro da amostra, primeiro obtém-se o espectro do solvente – água presente no ambiente e dióxido de carbono, denominados *espectro de fundo*. Em seguida, obtém-se o espectro da amostra. Por fim, para registrar a razão entre os espectros, deve-se calcular a absorbância ou a transmitância *versus* o comprimento de onda. Geralmente esses equipamentos purgam o espectrômetro com um gás inerte ou ar seco, livre de gás carbônico (CO_2), para reduzir a absorção de vapor de água e CO_2.

Fotômetro

Consiste no método do colorímetro, que capta a região visível das cores perceptíveis pelo olho humano. Na maior parte das determinações, os métodos visuais foram praticamente substituídos por métodos que dependem de células fotoelétricas, como os espectrofotômetros, que reduzem os erros experimentais. Um Instrumento fotômetro de filtro é utilizado para medidas de absorção atômica na região espectral ultravioleta visível e infravermelho. Existem ainda os fluorímetros, que são fotômetros utilizados para medidas de fluorescência.

Espectrógrafo

Esse aparelho apresenta como diferencial um coletor do espectro de radiação dispersada.

Espectrômetro

Fornece informação sobre a intensidade da radiação em função do comprimento de onda ou frequência. Por vezes, é chamado de *policromador*, em razão de ter a medida de dois feixes na espectrofotometria de radiação por absorção, geralmente na faixa de radiação ultravioleta (UV). Para a análise de fluorescência, o epectrômetro é chamado de *espectrofluorímetro*.

Multiplex

Instrumentos desse tipo geralmente têm uma adaptação de filtros ou monocromadores, que isolam uma região do espectro. São chamados também de *espectrômetro de transformada de Fourier* (TF). O multiplex é dependente da TF e utiliza-a para decodificação.

2.2.2 Atomização das amostras

Na espectrometria óptica, os elementos presentes em uma amostra são convertidos em vapor atômico, átomos gasosos ou íons elementares por um processo chamado de *atomização*. Esse processo fornece dados quantitativos pela contagem dos íons separados, com base na medida direta dos espectros de fluorescência, absorção ou emissão da amostra. Já para a espectrometria de raios X não é necessária a atomização porque os espectros captados nessa faixa são independentes do modo como suas moléculas estão ligadas quimicamente (Skoog; Holler; Nieman, 2002).

A atomização é o método de introdução da amostra no sistema de espectrofotometria atômica, tendo como intuito fornecer exatidão, precisão e reprodutibilidade da amostra, que é dependente de seu estado físico (sólido ou líquido) e químico. Os métodos indicados para a atomização da amostra e a captação dos sinais de espectrofotometria são apresentados na tabela a seguir.

Tabela 2.2 – Métodos de atomização para cada tipo de amostra

Método	Tipo de amostra
Nebulização pneumática	Solução ou pasta fluida
Nebulização ultrassônica	Solução
Vaporização eletrotérmica	Sólida, líquida, solução
Geração de hidretos	Solução de certos elementos
Inserção direta	Sólida, pó
Ablação por *laser*	Sólida, metal
Ablação por centelha ou arco	Sólida condutora
Lançamento de partículas por descarga de emissão	Sólida condutora

Fonte: Skoog; Heller; Nieman, 2002, p. 190.

Descrevemos, na sequência, os tipos de atomizações de acordo com a Tabela 2.2:

☐ **Atomização de chamas** – São utilizadas as amostras da análise de espectrofotometria de absorção atômica, fluorescência e emissão. Para obtenção de uma sensibilidade analítica básica, a chama deve ser calibrada com o feixe de absorbância.

- **Atomização eletrotérmica** – São utilizadas as amostras da análise de espectrofotometria de absorção atômica e fluorescência atômica. Para obtenção de uma sensibilidade analítica, é preciso evaporar um mililitro da amostra e, depois, incinerar e captar a região aquecida com a radiação.
- **Atomização de hidretos** – São utilizadas as amostras em solução para geração de hidretos, as quais são aquecidas em um tubo de quartzo.
- **Atomização por vapor frio** – É utilizado apenas para caracterização do mercúrio (tem pressão de vapor em temperatura ambiente) e, depois, espectrofotometria por absorção.
- **Introdução de amostras sólidas (pós, metais ou materiais particulados)** – São utilizados atomizadores de chama e de plasma. Algumas técnicas também são indicadas na introdução dos sólidos nos atomizadores, entre as quais vale destacar: inserção manual direta do sólido; vaporização eletrotérmica da amostra; ablação do sólido por arco/centelha ou laser; nebulização de pasta fluida na amostra; vaporização em um dispositivo de descarga luminosa. A amostra sólida é pressionada, sendo aplicado o gás argônio ionizado, liberando partes da célula e captando a radiação na fonte do espectrômetro.

2.3 Tipos de espectrofotometria

As amostras selecionadas para a caracterização por espectrofotometrias são as metálicas e as sólidas não metálicas.

No Quadro 2.1, são apresentadas ilustrações com modelos que podem ser analisados quantitativa ou qualitativamente, seja na configuração de metais diluídos em soluções aquosas (a), seja por metal sólido (b); além disso, oferece análises de constituintes não metálicos (c).

Quadro 2.1 – Exemplos de amostras de análises espectrofotométricas

Amostra metálica em solução	Amostra metálica sólida	Amostra não metálica sólida
Sulfato de cobre	Níquel	Polímero

Danijela Maksimovic, Alexandr III e Meaw_stocker/Shutterstock

Se a amostra for um metal ou uma liga, ela poderá ser usinada, torneada ou moldada a partir do metal fundido, de preferência no formato cônico cilíndrico de um oitavo a um quarto de polegada de diâmetro. Independentemente da forma da amostra, deve-se evitar contaminação da superfície e, de preferência, que ela seja polida e plana, para evitar ruídos na captação da radiação.

Para os materiais não metálicos, a amostra deve ser acoplada a um eletrodo de carbono, que é utilizado para muitas aplicações por ser um bom condutor, ter boa resistência ao calor e ser usinável.

Amostras dissolvidas ou suspensas em líquidos aquosos ou orgânicos são, geralmente, atomizadas por plasma. Para todos os tipos de amostras existem faixas específicas de comprimentos de onda, para os quais cada elemento fornece vibrações de suas polarização, seja por fenômeno indutivo, seja por fenômeno espontâneo.

2.3.1 Espectrofotometria de emissão atômica

A espectrofotometria de emissão/absorção atômica tem como base a análise de elementos metálicos por meio da atomização por plasma, por centelha elétrica e por arco elétrico. Tais elementos causam uma excitação e geram linhas espectrais de radiação ultravioleta, visível e infravermelho, que são utilizadas na caracterização elementar quantitativa e qualitativa.

Skoog, Holler e Nieman (2002) destacam algumas propriedades desejáveis na análise de espectrofotometria de emissão atômica:

- Alta resolução (0,01 nm ou λ > 100.000).
- Aquisição e recuperação rápida de sinal.
- Baixa luz espúria.
- Amplo intervalo dinâmico (> 106).

- Identificação e seleção exatas do comprimento de onda.
- Leitura precisa da intensidade: < 1% de desvio padrão relativo (RSD) para 500 vezes o limite de detecção.
- Alta estabilidade em relação às mudanças ambientais.
- Fácil correção de fundo.
- Operação, leitura, armazenamento, tratamento de dados etc.

2.3.1.1 Preparação de amostras para infravermelho

Para preparar uma amostra para espectrofotometria de infravermelho (IV), não pode haver água em hipótese alguma. A amostra deve ser colocada entre duas placas de cloreto de sódio (NaCl), pois é um sal hidrossolúvel, para garantir a ausência de água. Uma alternativa bastante utilizada é misturar a amostra com brometo de potássio (KBr), outro sal hidrossolúvel.

As amostras líquidas devem ser recolhidas e adicionadas ao suporte do infravermelho, para obtenção de seus espectros, como demonstra a Figura 2.5.

De acordo com Zubrick (2005, p. 219), cabe destacar alguns cuidados:

- Certifique de que a amostra está seca, isto é, sem água.
- Coloque (1-2 gotas) da amostra em uma das placas e depois cubra com a outra. A amostra deverá espalhar-se de modo a cobrir toda a placa. Não pressione!
- Coloque o sanduíche na placa de baixo do suporte de placas de sal do IV e cubra com a placa de cima.
- Rosqueie e aperte delicadamente para não trincar as placas. Assim o suporte está pronto.

- Coloque o suporte com as placas de sal na janela do instrumento que corresponde ao feixe da amostra, isso é, de frente para o instrumento.
- O instrumento fará a varredura e mostrará o espectro.
- Retire a célula do instrumento e limpe as placas de sal com acetona com kimwipe (lenços de limpezas antiestáticos). As placas de sal precisam de um local limpo e seco após as análises.

Figura 2.5 – Placas de sal para infravermelho

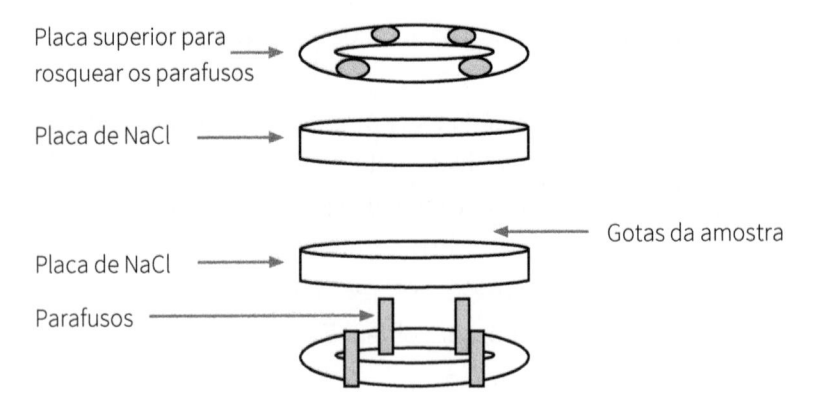

Placa superior para rosquear os parafusos

Placa de NaCl

Placa de NaCl

Parafusos

Gotas da amostra

Fonte: Zubrick, 2005, p. 219.

No preparo de amostras sólidas para o IV, é preciso misturá-las com um óleo mineral comercialmente disponível. Sua finalidade é dispersar o sólido pelo óleo, fazendo com que o sólido se torne transparente o suficiente para que o IV da amostra produza um espectro útil. Como o óleo é um hidrocarboneto saturado, ele tem seu próprio espectro de IV. O fabricante do óleo deve fornecer o espectro com suas flexões, estiramentos e torções típicas para serem ignorados na análise.

De acordo com Zubrick (2005, p. 220), a preparação deve ser realizada com base nos seguintes passos:

- Coloque uma pequena quantidade do seu sólido num almofariz e adicione algumas gotas do óleo mineral;
- Moer a amostra e o óleo juntos, até que o sólido fique um pó fino disperso através do óleo;
- Espalhe a emulsão sobre a placa de sal e cubra-a com outra placa. Não deve haver bolhas, apenas uma película uniforme de sólido no óleo;
- Proceda como fosse uma amostra líquida;
- Limpe as placas com acetona anidra ou etanol.

Exercício resolvido

2. (Iades – 2014 – Ebserh) No que se refere aos fundamentos da espectrofotometria, assinale a alternativa correta:
    a) O método utilizado na espectrofotometria é o de medir a concentração de uma solução corada, baseado na reflexão do fluxo de luz que atravessa uma solução sob espessura constante.
    b) Comprimento de onda é o número de oscilações produzidas pela onda em uma unidade de tempo, sendo dada em ciclos/seg, hertz, Fresnel etc.
    c) Absorbância é a capacidade que as soluções apresentam de absorver a luz que incide sobre elas. A quantidade de luz absorvida por uma solução depende da concentração da substância absorvente presente na solução e da espessura da cubeta por meio da qual passa a luz.

d) Uma radiação que corresponde a uma determinada cor é chamada de *radiação policromática*.
e) Frequência é a distância entre as cristas de duas ondas subsequentes e em fase.

Alternativa correta: c

***Feedback* do exercício:**

a) O método de espectrofotometria mede a concentração de soluções e identifica os elementos da matéria, baseado na absorção do fluxo de luz pela solução concentrada disposta sob espessura constante.
b) Comprimento de onda é a distância em que ocorre o movimento, interferência vibracional da matéria, por todo o período de uma onda.
c) Absorbância é a capacidade que as soluções apresentam de absorver a luz que incide sobre elas. A quantidade de luz absorvida por uma solução depende da concentração da substância absorvente presente na solução e da espessura da cubeta através da qual passa a luz. (Resposta correta)
d) Uma radiação que corresponde a uma determinada cor é chamada de *radiação monocromática*.
e) Frequência é o número de oscilações produzidas pela onda em uma unidade de tempo, sendo dada em ciclos por segundo, hertz e Fresnel, entre outros.

2.3.2 Espectrofotometria ressonância magnética nuclear

A espectrofotometria atômica de raios X, similar à espetroscopia óptica, é fundamentada na medição de emissão, absorção, espalhamento e fluorescência de raios X. Os métodos de fluorescência e de absorção de raios X são os mais utilizados para análises de elementos que têm número atômico maior do que o do sódio. A espectrofotometria de raios X convencional utiliza raios X na região de 0,1 Å até 25 Å (1 Å = 0,1 nm = 10^{-10} m).

O que é

Os **raios X** constituem uma radiação eletromagnética de comprimento de onda curta, produzida pela aceleração ou pela desaceleração de elétrons de alta energia ou pela transição de elétrons dos orbitais internos dos átomos (Skoog; Holler; Nieman, 2002).

Algumas análises que utilizam a captação dos espectros de raios X são: métodos de difração de raios X, métodos de absorção de raios X, métodos de fluorescência de raios X e microssonda eletrônica, os quais serão explicados na sequência.

Métodos de difração de raios X

Fornecem identificação qualitativa e quantitativa sobre compostos cristalinos, amostras policristalinas, pó, metais, materiais poliméricos e sólidos em geral. Atualmente, as estruturas complexas de produtos naturais, esteroides, vitaminas e antibióticos são largamente analisadas por esse meio.

É possível determinar a porcentagem de KBr e NaCl em uma mistura sólida desses dois componentes. Outros métodos analíticos não determinam composições de misturas, apenas de um elemento na amostra: K^+, Na^+, Br^- e Cl^-.

Métodos de fluorescência de raios X

Esse método excita por irradiação de absorção da amostra com um feixe de raios X e, a partir dessa excitação, a amostra emite linhas características de fluorescência de raios X. A fluorescência de Raios X (XRF) é um dos métodos analíticos que identifica qualitativamente elementos com número atômico maior do que o do oxigênio.

Métodos de absorção de raios X

Os métodos de absorção por raios X são similares aos métodos de absorção óptica, para os quais a atenuação de uma banda ou de uma linha de radiação X é o parâmetro analítico. A faixa espectral do comprimento de onda é selecionada por um monocromador, no qual a radiação monocromática de uma fonte radioativa absorve um único elemento, com um número atômico alto.

Algumas aplicações para o uso desse método são a determinação da presença de contaminantes de chumbo na gasolina, a determinação de enxofre e a determinação de halogênios em hidrocarbonetos.

Microssonda eletrônica

Método utilizado na determinação da composição elementar de superfícies, em que a emissão de raios X dos elementos da superfície de uma amostra é estimulada por um feixe de elétrons. Essa emissão é detectada e analisada com um espectrômetro (pode ser dispersivo de comprimento de onda ou de energia).

2.3.3 Espectrofotometria de massa atômica

A espectrometria de massas atômicas tem sido aplicada há muito tempo. A introdução do plasma acoplado indutivamente favoreceu sua comercialização (Skoog et al., 2006). Atualmente, a espectrometria de massas com plasma acoplado é uma técnica utilizada na determinação simultânea de mais de 70 elementos em pouco tempo.

A espectrofotometria de massa atômica é utilizada na determinação de concentrações e na identificação dos elementos presentes nas amostras, a considerar que essa análise especifica quase todos os elementos da tabela periódica.

Entre algumas vantagens e desvantagens desse método, em relação à espectrofotometria óptica, destacam-se:

- **Vantagens** – Limites de detecção; espectros simples, de fácil interpretação; possibilidade de medir razões isotópicas atômicas.
- **Desvantagens** – Custo dos instrumentos; desvios do instrumento, que variam de 5% a 10% por hora; efeitos de interferências.

O instrumento espectrômetro de massa separa íons em movimento, com base em razões massa-carga (m/z). Os três equipamentos mais usados para esse método são: (1) o espectrômetro de massa quadricular, (2) o espectrômetro de massa de tempo de voo e (3) o espectrômetro de massa de dupla focalização.

Peso atômico em espectrofotometria de massa

Agora, vamos rever alguns termos da química analítica de pesos atômicos e moleculares.

A unidade de pesos atômicos e moleculares é uma relação com referência no isótopo do carbono (C), para o qual a massa estabelecida é 12. A unidade expressa é 1 μ (massa atômica) = 1 Da (Dalton) = 1/12 da massa de carbono neutro. Considerar 1 mol = 6,022 · 10^{23} átomos. Logo, temos:

$$\frac{1}{12} = \left(\frac{12g\,_6^{12}/mol}{6,22 \cdot 10^{23} \text{ átomos de } _6^{12}C/mol}\right) =$$

$$\frac{1,66054 \cdot 10^{-24}g}{\text{átomos}} \text{ de } _6^{12}C$$

Baseado no que foi visto, o isótopo do $_{17}^{35}Cl$, tendo como referência o $_6^{12}C$:

$$\frac{\text{Massa atômica do CL} = 35}{\text{Massa atômica do C} = 12} = 2,916 \text{ massa do Cl}$$

Logo, para 1 mol de carbono, deve-se calcular o peso atômico do $^{35}_{17}Cl$:

12 Da · 2,916 massa do Cl = 34,9688 Da

É na espectrometria de massa que se encontra a massa ou o isótopo particular de um elemento ou a massa de isótopos de misturas de elementos.

Calculando para CH_4:

$$\frac{\text{Massa atômica do C} = 12}{\text{Massa atômica do C} = 12} = 1 \text{ massa do Cl}$$

$$\frac{\text{Massa atômica do H} = 1}{\text{Massa atômica do C} = 12} = 0,083 \text{ massa do H}$$

CH_4 m = 12 · 1 + 0,083 · 4 = 12,33 Da

Para o composto CH_3H_1, obtemos:

$CH_3 H_1$ m = 12 · 1 + 0,083 · 3 + 0,083 · 1 = 12,33 Da

O peso atômico é um dos dados utilizados e informados na espectrofotometria de massa para determinar a composição e a concentração de um elemento da amostra ou o peso médio de alguns componentes em uma mistura. Para a média, deve-se considerar a Equação 2.4:

Equação 2.4

$A = A_1P_1 + A_2P_2 + A_nP_n \sum_{i=1}^{n} A_nP_n$

Em que:
A = massa atômica dos *n* isótopos dos elementos;
P = frações desses isótopos na mistura.

Exercício resolvido

3. Com base nos assuntos abordados neste capítulo, defina os termos a seguir:
   a) Radiação eletromagnética.
   b) Fóton.
   c) Efeito fotoelétrico.
   d) Polarização de uma molécula.
   e) Refração.
   f) Difração.
   g) Reflexão.
   h) Atomização.
   i) Absorbância.
   j) Isótopo.
   k) Elétron.

Resposta

As definições a seguir são baseadas no texto deste capítulo e no livro de Martins e Porto (2018):

   a) **Radiação eletromagnética**: Transporte de energia por flutuações dos campos elétrico e magnético.
   b) **Fóton**: Feixes de partículas discretas distribuídas no comprimento de onda do espectro eletromagnético.
   c) **Efeito fotoelétrico**: Emissão de elétrons por materiais metálicos quando incide sobre estes um feixe de luz.

d) **Polarização de uma molécula**: Processo pelo qual ocorre a seleção de algumas direções de oscilações da onda.
e) **Refração**: Passagem da luz por uma superfície (ou interface) que separa dois meios diferentes. A menos que um raio incidente seja perpendicular à superfície, a refração muda a direção de propagação da luz.
f) **Difração**: Desvio em relação à direção de propagação retilínea da luz ao se propagar para além de um obstáculo, isto é, a difração ocorre quando uma onda contorna um obstáculo.
g) **Reflexão da luz**: Fenômeno que ocorre quando há a mudança das direções dos raios luminosos ao encontrarem uma superfície que separa dois meios diferentes, mas sem que os raios mudem de meio.
h) **Atomização**: Método de introdução da amostra no sistema de espectrofotometria atômica que tem como intuito fornecer exatidão, precisão e reprodutibilidade da amostra, que é dependente de seus estados físico (sólido ou líquido) e químico.
i) **Absorbância**: Logaritmo comum da razão de potência radiante espectral incidente transmitida através de um material.
j) **Isótopos**: Íons de elementos que tem em suas variantes prótons e nêutrons. Os isótopos de um elemento compartilham o mesmo número de prótons, mas diferem uns dos outros em número de nêutrons, como ilustra a Figura 2.6.
k) **Elétron**: Partícula subatômica com cargas negativa presente nos elementos químicos.

Figura 2.6 – Isótopos

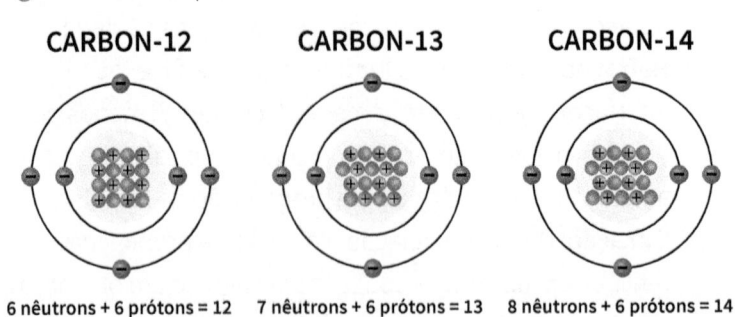

CARBON-12 **CARBON-13** **CARBON-14**

6 nêutrons + 6 prótons = 12   7 nêutrons + 6 prótons = 13   8 nêutrons + 6 prótons = 14

Nasky/Shutterstock

2.4 Lei de Lambert-Beer

A absorção atômica da radiação eletromagnética – em regiões de infravermelho e ultravioleta – tem ampla aplicação em análises qualitativas e quantitativas de diversas espécies orgânicas (ligações duplas e triplas de estruturas cíclicas absorvem a radiação) e inorgânicas (metais absorvem a radiação).

De acordo com medidas de tramitância T ou absorbância (relação da intensidade de luz transmitida pela luz incidente), que fornecem caminhos ópticos através de células transparentes pelas quais se colocam amostras em solução, é possível obter a representação da lei de Lambert-Beer.

Separando cada definição, temos:

- **Lei de Beer** – "A intensidade de um feixe de luz monocromático decresce exponencialmente à medida que a concentração da substância absorvente aumenta aritmeticamente" (Mendes, 2021).
- **Lei de Lambert** – "A intensidade da luz emitida decresce exponencialmente à medida que a espessura do meio absorvente aumenta aritmeticamente" (Mendes, 2021).
- **Lei de Lambert-Beer** – Quando o feixe de luz passa por uma célula transparente contendo uma solução de uma substância absorvente, pode ocorrer redução da intensidade da luz.

As leis de Lambert e de Beer se relacionam com o poder radiante em um feixe de radiação eletromagnética, geralmente luz comum, ao longo do caminho do feixe em meio absorvente e da concentração das espécies absorventes, respectivamente (Swinehart, 1962).

Na Figura 2.7, há um bloco de material absorvente (sólido, líquido ou gás) e um feixe paralelo de radiação monocromática com potência P_0, que incide no bloco perpendicular a sua superfície. Após passar pela espessura do material l (que contém a amostra com n átomos, íons ou moléculas absorventes), sua potência descreve para P como resultado da absorção, ilustrando o fenômeno de absorbância de feixes de luz (a) através de uma cubeta transparente (b) utilizada para detecção de raios UV e raios visíveis de elementos químicos.

Figura 2.7 – Lei de Lambert-Beer através de uma cubeta transparente

(a) Cubeta transparente com amostra de líquido azul e com absorção de luz amarela, mostrando a lei de Lambert-Beer.	(b) Cubeta transparente a ser utilizada em método analítico de espectrofotometria de absorção de raios ultravioleta e vísiveis.

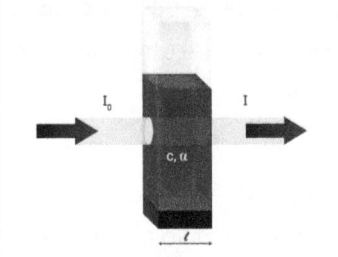

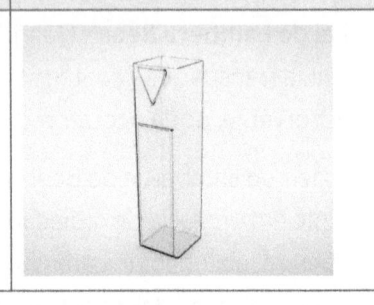

petrroudny43 e CI Photos/Shutterstock

A lei de Lambert-Beer é expressa matematicamente da seguinte maneira:

$$A = -\log T$$

$$A = \log \frac{P_0}{P}$$

Equação 2.5

$$A = \varepsilon bc$$

Em que:
T = tramitância;
A = absorbância;
P_0 = radiação incidente;

P = radiação transmitida;
c = concentração do analito;
ε = logaritmo natural de Euller, de valor constante: 2,7182;
b = espessura da solução: 1 cm(caminho óptico).

A Tabela 2.3 apresenta algumas definições, termos e símbolos das medidas de absorção que merecem destaque.

Tabela 2.3 – Termos e símbolos de medidas de absorção

Termo e Símbolo	Definição	Nome Alternativo e Símbolo
Potência de radiação P, P_0	Energia de radiação (em ergs) incidente em um detector de 1 cm^2 de área por segundo	Intensidade da radiação $I, I0$
Absorbância A	$\log \frac{P_0}{P}$	Densidade óptica D, extinção E
Tramitância T	$\frac{P_0}{P}$	Transmissão
Caminho da radiação b	–	l, d
Absortividade a	$\frac{A}{bc}$	Coeficiente de extinção k
Absortividade molar ε	$\frac{A}{bc}$	Coeficiente molar de extinção

Fonte: Skoog; Holler; Nieman, 2002, p. 277.

Para saber mais

CANASSA, T. A.; LAMONATO, A. L.; RIBEIRO, A. V. Utilização da lei de Lambert-Beer para determinação da concentração de soluções. **Jeti – Journal of Experimental Techniques and Instrumentation**, Campo Grande, v. 1, n. 2, p. 23-30, jul. 2018. Disponível em: <https://periodicos.ufms.br/index.php/JETI/article/view/5930>. Acesso em: 8 out. 2021.

O artigo descreve um experimento com caracterização de concentrações de sulfato de cobre por curva de aborbância, relacionado a espectros de comprimento de onda da faixa de ultravioleta em espectrofotômetro de ultravioleta e luz visível.

Na sequência, apresentamos as caracterísitcas dos materiais e dos métodos do artigo *Utilização da lei de Lambert-Beer para determinação da concentração de soluções* e os resultados expressos na Tabela A.

Materiais e métodos

Neste trabalho foi empregado como analito o Sulfato de Cobre II ($CuSO_4 \cdot 5H_2O$) – PM: 249,69 [...]. Soluções em diferentes concentrações (g/mL) de Sulfato de Cobre foram obtidas após a dissolução do reagente em água deionizada à temperatura ambiente, sob agitação constante.

As soluções foram caracterizadas com base em seu espectro de absorção óptica na faixa de 250 – 1100 nm, utilizando-se um espectrômetro da Shimadzu, modelo 1800, em cubeta de quartzo com 1 cm de caminho óptico. O coeficiente de extinção molar ou absortividade molar (ε) foi determinado com base no coeficiente angular do ajuste linear realizado no gráfico de Absorção da solução em 810 nm (ponto de máxima absorção do espectro) versus concentração, utilizando como base a Lei de Beer [...].

Tabela A – Resultados

Resultado	Descrição do resultado
1 Preparação das amostras, diluindo-as em concentrações de sulfato de cobre Fonte: Canassa; Lamonato; Ribeiro, 2018, p. 28.	A imagem "ilustra as alíquotas da solução de $CuSO_4$ dissolvidas em água deionizada em diferentes concentrações. Foram preparadas 7 concentrações distintas de 0,02 a 0,08 g/mL, variando em intervalos de 0,01 g/mL. Tais soluções apresentaram uma coloração azulada, o tubo de ensaio número 1 (um), de coloração mais intensa, corresponde à maior concentração. Assim, à medida que a concentração diminui (em direção ao tubo de número sete), a coloração vai se tornando gradualmente menos intensa" (Canassa; Lamonato; Ribeiro, 2018, p. 28).

(Continua)

(Tabela A – continua)

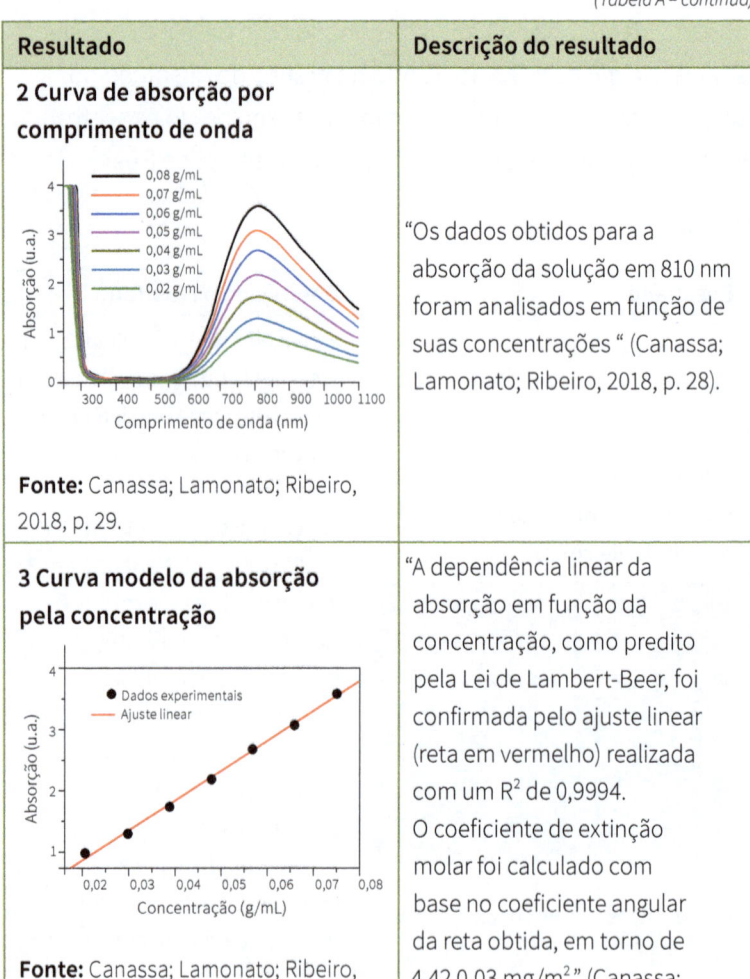

Resultado	Descrição do resultado
2 Curva de absorção por comprimento de onda *[gráfico: Absorção (u.a.) vs Comprimento de onda (nm), com curvas para 0,08; 0,07; 0,06; 0,05; 0,04; 0,03; 0,02 g/mL]* **Fonte:** Canassa; Lamonato; Ribeiro, 2018, p. 29.	"Os dados obtidos para a absorção da solução em 810 nm foram analisados em função de suas concentrações " (Canassa; Lamonato; Ribeiro, 2018, p. 28).
3 Curva modelo da absorção pela concentração *[gráfico: Absorção (u.a.) vs Concentração (g/mL), com dados experimentais e ajuste linear]* **Fonte:** Canassa; Lamonato; Ribeiro, 2018, p. 29.	"A dependência linear da absorção em função da concentração, como predito pela Lei de Lambert-Beer, foi confirmada pelo ajuste linear (reta em vermelho) realizada com um R^2 de 0,9994. O coeficiente de extinção molar foi calculado com base no coeficiente angular da reta obtida, em torno de 4,42 0,03 mg/m^2" (Canassa; Lamonato; Ribeiro, 2018, p. 28).

(Tabela A – conclusão)

Resultado	Descrição do resultado
4 Discussão dos resultados	Os dados obtidos neste estudo revelaram a característica absorvedora dos íons de Cu em solução, a determinação do coeficiente de extinção molar por meio da Lei de Lambert-Beer possibilita a identificação de íons cobre e a determinação de sua concentração em soluções aquosas em caráter analítico, uma vez que é comum a ocorrência desses elementos como contaminantes de águas fluviais" (Canassa; Lamonato; Ribeiro, 2018, p. 30).

Fonte: Canassa; Lamonato; Ribeiro, 2018, p. 27-30

Exercício resolvido

4. Descreva a lei de Lambert-Beer, apresentando sua fórmula matemática e identificando seus termos.

   Resposta

   Quando o feixe de luz incide por uma célula transparente que contém uma solução de uma substância absorvente, ele é absorvido, proporcionalmente à espessura da camada absorvente e à concentração das espécies absorventes. Fórmula:

   $A = \varepsilon bc$

Em que:
A = absorbância;
ε = absortividade molar (coeficiente de Euller);
b = espessura do caminho óptico;
c = concentração da espécie absorvente.

2.5 Seleção do método

É importante que sejam realizados alguns passos na seleção do método analítico para que se obtenha o resultado esperado. Cada equipamento tem especificações a serem seguidas, seja no tipo de amostra (sólida, líquida, gasosa), seja no comprimento de onda a ser analisado, seja na forma de atomização e de preparação da amostra, para que sejam obtidas as vibrações espectrais.

Para o levantamento de informações que ajudem na seleção do método, é indicada a verificação dos seguintes tópicos:

- custo e disponibilidade do equipamento;
- custo por amostra;
- facilidade e conveniência;
- velocidade para obtenção dos dados;
- habilidade requerida do operador.

De acordo com as características propostas por Skoog, Holler e Nieman (2002) para análises com métodos analíticos, os critérios para que se obtenham resultados reais e precisos constam no Quadro 2.2.

Quadro 2.2 – Critérios para seleção de métodos analíticos

Critério	Figura de Mérito
1. Precisão	Desvio-padrão absoluto, desvio-padrão relativo, coeficiente de variação, variança
2. Tendência	Erro sistemático absoluto, erro sistemático relativo
3. Sensibilidade	Sensibilidade de calibração, sensibilidade analítica
4. Limites de detecção	Branco mais três vez o desvio-padrão do branco
5. Faixa de concentração	Limite de quantificação (LQO) até concentração limite de linearidade (LOL)
6. Seletividade	Coeficiente de seletividade

Fonte: Skoog; Holler; Nieman, 2002, p. 26.

Síntese

Neste capítulo, abordamos alguns métodos analíticos realizados por espectrofotometria e termos referentes às formas de radiação do espectro eletromagnético, que possibilitaram análises qualitativas e quantitativas de materiais.

Esse espectro radiante é traduzido em dados por meio de instrumentação baseada em leis físicas, com equações de absorbância a correlacionarem-se com concentrações e identificações dos elementos orgânicos e inorgânicos estudados ao longo deste material.

Nesse sentido, vimos termos da radiação obtida pelo espectro eletromagnético, enfatizando as faixas do comprimento de onda e suas respectivas aplicações: raios gama, raios X, ultravioleta, luz visível, infravermelho, micro-ondas e ondas de rádio.

Analisamos as características da luz e suas propriedades, como emissão, absorção e transmissão, entre outras. Descrevemos a instrumentação da análise espectroscópica para cada tipo de fenômeno de luz, assim como a preparação das amostras com atomização para induzir a polarização e a vibração espectral, a fim de possibilitar a identificação e a caracterização dessas amostras.

Abordamos ainda os métodos de espectrofotometria de absorção/emissão, os métodos de espectrofotometria por ressonância magnética nuclear e os métodos de espectrofotometria de massa atômica. Também descrevemos o uso da lei de Lambert-Beer e os métodos que fazem referência a ela. Por fim, apresentamos alguns tópicos que devem ser considerados para a seleção do método a ser realizado.

Estudo de caso

Texto introdutório

O presente estudo de caso aborda uma análise de quantificação e identificação de contaminantes de águas. A empresa de tratamento de efluentes se baseia em normas técnica vigentes e nas prerrogativas do Conselho Nacional do Meio Ambiente (Conama) para determinar padrões da análise e os parâmetros de descarte de efluentes industriais. A situação deve abranger o conhecimento do Capítulo 2, com uso de dados fornecidos pelo espectrofotômetro – o tratamento de dados fornece uma modelagem. Essa abordagem relaciona a teoria e a prática sobre o assunto.

Texto do caso

No tratamento de águas existe um parâmetro que determina a quantidade de oxigênio no meio, denominado *demanda química de oxigênio* (DQO). Essa quantidade tem uma faixa ideal para cada tipo de uso da água. Valente, Padilha e Silva (1997) explicam que, na caracterização de poluição de esgotos sanitários e de efluentes industriais, a DQO avalia a quantidade de oxigênio dissolvido e consumido nos processos metabólicos das matérias orgânicas (quantidades totais de componentes oxidáveis: carbono, hidrogênio, hidrocarbonetos, nitrogênio, enxofre e fósforo).

Para este estudo, foram avaliadas três amostras de efluentes a serem descartados em água doce de acordo com os limites de descarte de 10 mg/L estabelecidos pela Resolução n. 357, de 15 de março de 2005 (Brasil, 2005), do Conama.

Os analistas químicos da empresa Tratamento de Efluentes de São Paulo (Tesp) utilizaram o método colorimétrico para caracterização do efluente, de acordo com o *Standard Methods, for the Examination os Water and Wastewater* (Clesceri; Greenberg; Eaton, 1999). O princípio da análise de DQO consiste na oxidação química da matéria orgânica presente em uma amostra em meio ácido, utilizando-se o ácido sulfúrico (H_2SO_4) e um agente oxidante forte em excesso, o dicromato de potássio ($K_2Cr_2O_7$), sendo a reação catalisada por sulfato de prata (Ag_2SO_4). A amostra é digerida (aquecida) por duas horas e é medida a absorção do dicromato residual em espectrofotômetro no comprimento de onda de 600 nm.

Nessa técnica, o íon dicromato que oxida a matéria orgânica da amostra muda o estado de cromo hexavalente (Cr^{+6}) para o estado de cromo trivalente (Cr^{+3}). Ambas as espécies de cromo são coloridas e absorvidas na região visível do espectro, porém o íon dicromato $(Cr_2O_7)^{-2}$ é fortemente absorvido no comprimento de onda de 400 nm, no qual a absorção do íon cromo (Cr^{+3}) é muito menor, e o íon cromo absorve fortemente na região de 600 nm, na qual o dicromato tem absorção próxima de zero (Clesceri; Greenberg; Eaton, 1999).

Tabela B – Dados para diluição de solução-padrão de biftalato

Tubo	Solução (mL)	Água (mL)	DQO (mg/L O_2)
1	2	8	200
2	4	6	400
3	5	5	500
4	6	4	600
5	10	0	1000

Fonte: Elaborado com base em Clesceri; Greenberg; Eaton, 1999.

Esses padrões utilizados para a curva de calibração passam duas horas digerindo (aquecendo) antes da medição no equipamento de espectrofotômetro UV.

O experimento obteve o resultado da curva de calibração apresentado na Tabela C.

Tabela C – Dados para a curva de calibração do DQO

Tubo	DQO (mg/L O_2)	Coloração	Absorbância (uA)
1	200	Amarela	0,065
2	400	Verde-clara	0,132
3	500	Verde-clara	0,175
4	600	Verde-clara	0,186
5	1000	Verde-escura	0,338

Questões:

1. Plote o gráfico da absorbância *versus* a DQO da Tabela B e, por regressão linear, determine qual a equação-modelo para a análise dada.
2. Reflita, com base nos resultados, e determine qual é o efluente que pode ser descartado nas águas doces de acordo com os parâmetros da Resolução n. 357/2005 do Conama.
3. Cada comprimento de onda do espectrofotômetro tem um comportamento diferente de acordo com as reações e as colorações dos reagentes utilizados. Por que, para cada tipo de amostra a ser avaliada, deve-se realizar uma curva de calibração?

Resolução

1. Plotando a curva (Gráfico A), obtém-se a equação-modelo para determinar a DQO das amostras. Para construção do gráfico, foi utilizado o Excel. A tabela com as concentrações de sulfato *versus* a absorbância foi aplicada e foi escolhido

o gráfico de dispersão, que é o que melhor representa essa relação. Em seguida, foi adotada a regressão linear para o ajuste dos pontos e, por fim, elaborou-se a equação da reta e o coeficiente de correlação (R).

Gráfico A – Curva de calibração de DQO

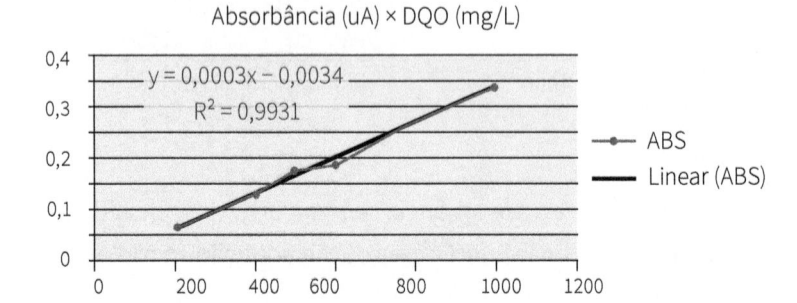

Absorbância (uA) × DQO (mg/L)

$y = 0{,}0003x - 0{,}0034$
$R^2 = 0{,}9931$

— ABS
— Linear (ABS)

Após obter a equação-modelo $y = 0{,}0003x - 0{,}0034$, em que y é a absorbância e x é a DQO, quantificaram-se os dados das amostras em triplicata, resultando nas seguintes absorbâncias e respectivos valores de DQO:

- Amostra 1: 0,035 uA; 116 mg/L;
- Amostra 2: 0,015 uA; 50 mg/L;
- Amostra 3: 0,03 uA; 10 mg/L.

2. A amostra 3 é que está dentro das especificações de 10 mg/L de descarte do Conama.
3. Porque cada reagente tem uma interferência na incidência da luz do equipamento e produz uma vibração molecular diferente no espectro de comprimento de onda.

Dica 1

O aluno pode utilizar qualquer programa indicado para gráficos.

Quando plotar os eixos *x* e *y*, deve-se utilizar a ferramenta de regressão linear do próprio programa. A regressão linear também pode ser calculada por meio dos eixos, captando-se valores para *x* e *y*. Pode-se utilizar a equação da reta (Y = AX + B), com o coeficiente angular A = ΔX/ΔY e o coeficiente linear B = Y1 − AX1.

A partir do momento em que se determinar equação modelo, pode-se consultar o valor da absorbância dado no equipamento e calcular a DQO (mg/L).

Dica 2

BRASIL. Ministério do Meio Ambiente. Conselho Nacional do Meio Ambiente. Resolução n. 357, de 17 de março de 2005. **Diário Oficial da União**, Brasília, DF, 18 mar. 2005. Disponível em: <http://www.mpf.mp.br/atuacao-tematica/ccr4/dados-da-atuacao/projetos/qualidade-da-agua/legislacao/resolucoes/resolucao-conama-no-357-de-17-de-marco-de-2005/view>. Acesso em: 8 out. 2021.

Baseado na Resolução n. 357/2005 do Conama, adquirem-se os valores permitidos para descarte de efluentes industriais. No ambiente industrial, pode-se utilizar normas e leis para metodologias e dados legalizados.

Dica 3

Para eliminar interferências, deve-se zerar o aparelho com uma solução que é denominada *branco*. A cada conjunto de determinações, bem como após alterar o comprimento de onda, o aparelho deve ser sempre zerado e calibrado com o tubo que contém o branco.

Capítulo 3

Espectroscopia nas regiões ultravioleta e visível

Conteúdos do capítulo:

- Absorção atômica.
- Desvios da Lei de Lambert-Beer.
- Componentes dos instrumentos de absorção atômica.
- Fontes e seletores de comprimento de onda.
- Mecanismo de difração de um monocromador de rede.
- Tipos de redes refletoras.
- Filtro de radiação.
- Detectores.
- Tipos de transdutores.
- Recipientes para amostras (cubetas).
- Dispositivos de leitura.
- Espectrofotômetros ultravioleta/visível.
- Tipos de espectrofotômetros.

Após o estudo deste capítulo, você será capaz de:

1. compreender o princípio da técnica de espectrofotometria de absorção nas regiões ultravioleta e visível.
2. definir os conceitos de absorbância, transmitâncias e lei de Lambert-Beer e seus desvios;
3. identificar os componentes do espectrofotômetro de absorbância nas regiões ultravioleta e visível;
4. manusear e preparar soluções para as análises de espectrofotometria nas regiões ultravioleta e visível;
5. descrever as principais aplicações do espectrofotômetro de absorbância nas regiões ultravioleta e visível.

A espectroscopia vem desempenhando uma função fundamental no desenvolvimento da teoria atômica moderna no que diz respeito às análises quantitativas e qualitativas de compostos orgânicos e inorgânicos. Os métodos espectroscópicos estudam as interações da matéria com a radiação eletromagnética, envolvendo os casos de absorção e de emissão de energia luminosa.

A espectrometria de absorção atômica é baseada na absorção da radiação nas regiões ultravioleta e visível (UV/Vis), isto é, nas regiões em que o comprimento de onda vai de 190 nm a 800 nm.

Inicialmente, abordaremos os conceitos fundamentais de absorção nas regiões ultravioleta e visível; depois, demonstraremos a aplicação da lei de Lambert-Beer e seus desvios instrumentais, químicos e reais; também analisaremos as características dos componentes que constituem os instrumentos de absorção atômica.

Veremos ainda os tipos de espectrofotômetros e os procedimentos experimentais, descrevendo as etapas necessárias para uma análise de espectrofotometria, incluindo a metodologia para a determinação de hidrocarbonetos aromáticos em água utilizando a radiação ultravioleta como método. Todos os cuidados que se deve ter no uso do espectrofotômetro e suas aplicações também serão detalhados.

3.1 Conceitos fundamentais

O estudo da espectroscopia começou com o cientista Isaac Newton (1643-1727), no século XVII. Newton observou que, quando a luz solar atravessa um prisma, ocorre uma dispersão de cores denominada *espectro contínuo*.

No século XIX, os físicos observaram que os espectros contínuos podem ser formados a partir da luz emitida pelo filamento incandescente de uma lâmpada comum. Mais tarde, por volta de 1855, os cientistas Robert Bunsen (1811-1899) e Gustav Kirchhoff (1824-1887) descobriram que um composto, quando submetido à ação de uma chama, emite luz com cores características para cada elemento químico.

De acordo com Skoog et al. (2006), Kirchhoff e Bunsen são considerados os descobridores do uso da espectroscopia na análise química, pois ambos perceberam que a luz dessa chama incidente sobre um prisma é decomposta em diferentes cores, formando um espectro. Além disso, concluíram que cada elemento químico pode ser identificado por raias de cores diferentes, caracterizadas por um comprimento de onda.

As medidas espectroscópicas quantificam uma amostra por meio da interação da matéria com a radiação. A amostra é estimulada aplicando-lhe energia na forma de calor ou eletricidade. A técnica de espectrofotometria de absorbância atômica nas regiões ultravioleta e visível opera na interação luz-matéria, com métodos denominados *ópticos*, que determinam a concentração de uma espécie. Boa parte das moléculas orgânicas e dos grupos funcionais é translúcida nas regiões ultravioleta e visível, isto é, as regiões nas quais os comprimentos de onda vão de 190 nm a 380 nm (ultravioleta) e de 400 nm a 800 nm (visível), como mostra a Figura 3.1.

Figura 3.1 – Espectro de absorção

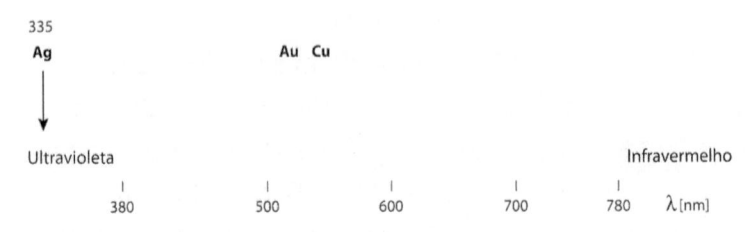

```
335
Ag                      Au  Cu
 |
 ↓
Ultravioleta                                    Infravermelho
     |         |         |         |         |
    380       500       600       700       780    λ [nm]
```
magnetix/Shutterstock

3.1.1 Conceito de absorção atômica

Quando a radiação contínua passa através de uma camada de um líquido, um sólido ou um gás, certas frequências podem ser seletivamente removidas por absorção, processo pelo qual a energia eletromagnética é transferida para os átomos, os íons ou as moléculas que compõem as amostras. Quando isso acontece, a radiação residual, ao atravessar um prisma, produz um espectro de absorção que provoca uma transição eletrônica no átomo ou na molécula, passando de um estado de mais baixa energia (estado fundamental) para um estado de maior energia (estado de excitação), como demonstra a Figura 3.2.

Figura 3.2 – Transição eletrônica: processo de excitação

E* (estado excitado) – maior energia

ΔE

E (estado fundamental) – menor energia

Já a Figura 3.3 mostra o processo de excitação para um átomo no estado gasoso, em que ocorre um salto quântico, isto é, a mudança de um elétron de um estado quântico para outro dentro de um átomo. Essas excitações são promovidas pela absorção de fótons de radiação, cujas energias se igualam exatamente às diferenças de energia entre o estados excitado e o estado fundamental.

Figura 3.3 – Processo de excitação de um átomo

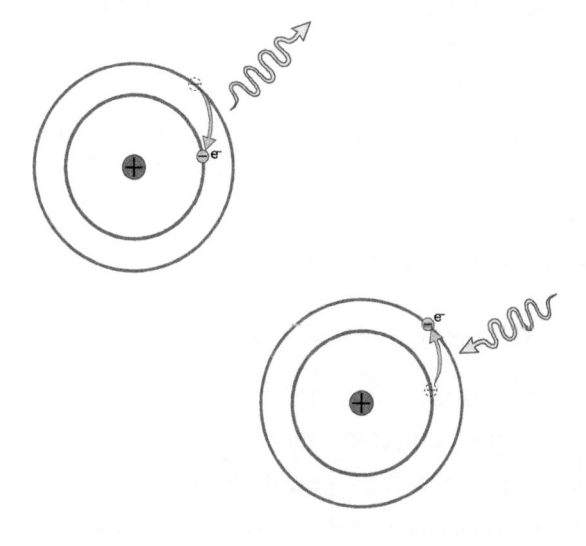

Sergey Merkulov/Shutterstock

A radiação eletromagnética absorvida tem energia exatamente igual à diferença de energia entre os estados excitado e fundamental, como mostra a Equação 3.1.

Equação 3.1

$$\Delta E = E_{Excitado} - E_{Fundamental}$$

Um elétron, ao receber determinada energia, passa de seu estado fundamental, conhecido como *Homo* (orbital molecular mais alto ocupado, em inglês, *highest occupied molecular orbital*), para um estado excitado, conhecido como *Lumo* (orbital molecular mais baixo desocupado, em inglês, *lowest unoccupied molecular orbital*). A migração do elétron de um nível de menor energia para um nível de maior energia é denominada *transição eletrônica*, que ocorre somente após o processo de atomização. Sabe-se que o processo de migração de elétrons acontece nos orbitais do átomo, isto é, quando a molécula absorve energia, o elétron salta de um orbital ocupado para um orbital desocupado de maior energia potencial.

De acordo com a maioria das moléculas, os orbitais ocupados de menor energia são os orbitais σ, que correspondem às ligações σ. Os orbitais π ficam em níveis de energia um pouco mais altos, e os dos pares isolados, ou orbitais não ligantes (n), ficam em energias ainda mais altas.

O que é

Atomização é a geração de átomos gasosos em seu estado fundamental, pois, no estado gasoso, as partículas estão bem separadas umas das outras, garantindo apenas os movimentos eletrônicos e excluindo os estados vibracionais e rotacionais.

Matos (2015, p. 101) explica que "O estado de excitação de um elétron é muito rápido, na ordem de 10-18 segundos; no entanto, é suficiente para gerar um acrescimento de energia. Sempre que ocorre o processo de transição eletrônica, geram-se fótons com comprimento de onda igual à variação entre os estados de LUMO e HOMO".

De acordo com Skoog et al. (2006, p. 686, grifo do original):

> As moléculas sofrem três tipos diferentes de transições quantizadas quando excitadas pela radiação ultravioleta, visível e infravermelha. [...] Além das transições eletrônicas, as moléculas exibem dois tipos adicionais de transições induzidas por radiação: **transições vibracionais** e **transições rotacionais**.

A energia total E, associada com uma molécula, é, então, dada pela Equação 3.2:

Equação 3.2

$$E = E_{eletrônica} + E_{vibracional} + E_{rotacional}$$

Em que:

$E_{eletrônica}$ = energia associada aos elétrons nos vários orbitais externos da molécula;

$E_{vibracional}$ = energia da molécula como um todo, em razão das vibrações interatômicas;

$E_{rotacional}$ = energia associada à rotação da molécula em torno de seu centro de gravidade.

Algumas espécies químicas não são absorvidas nas regiões ultravioleta e visível. A absorção de comprimento de onda nessas regiões é limitada a um grupo funcional chamado de *cromóforos*, que contém elétrons de valência com energia de excitação relativamente baixa.

De acordo com Pavia et al. (2015), a energia característica de uma transição e o comprimento de onda da radiação absorvida são propriedades de um grupo de átomos, e não dos elétrons individualmente. Apesar da absorção da radiação ultravioleta resultar na excitação de elétrons do estado fundamental, os núcleos que os elétrons unem têm um papel importante na determinação de quais comprimentos de onda da radiação serão absorvidos. Os núcleos determinam a força com a qual os elétrons são ligados e, assim, influenciam o espaçamento de energia entre os estados fundamental e excitado.

As espécies que absorvem contêm elétrons do tipo π, σ e n, incluindo moléculas orgânicas e íons.

Curiosidade

Algumas espécies químicas não absorvem nas faixas ultravioleta e visível, mas é possível torná-las absorventes por meio de reações químicas com o grupo cromóforo.

3.2 Lei de Lambert-Beer para a espectrofotometria ultravioleta e visível

A lei de absorção também é conhecida como *lei de Lambert-Beer*, e ela mostra a relação de absorção de luz de uma molécula para certo comprimento de onda, sendo quantificada por uma expressão empírica:

Equação 3.3

$$A = \log(I_o/I) = \varepsilon c l$$

Em que:
A = absorbância;
I_o = intensidade de luz incidindo na cubeta da amostra;
I = intensidade de luz saindo da cubeta da amostra;
c = concentração molar do soluto;
l = comprimento da cubeta da amostra (cm);
ε = absorvidade molar.

A absorbância é uma grandeza adimensional (sem unidade); a absorvidade deve ter unidades que cancelem as unidades de concentração molar do soluto (c) e de comprimento da cubeta da amostra (l). De acordo com Skoog et al. (2006, p. 678, grifo do original),

> A lei de absorção, também conhecida como **lei de Beer-Lambert** ou somente como **lei de Beer**, nos diz quantitativamente como a grandeza da atenuação depende da concentração das moléculas absorventes e da extensão

do caminho sobre o qual ocorre a absorção. À medida que a luz atravessa um meio contendo um analito que absorve, um decréscimo de intensidade ocorre na proporção que o analito é excitado.

A Figura 3.4 mostra o processo de penetração e travessia do feixe de luz na cubeta.

Figura 3.4 – Atenuação de um feixe

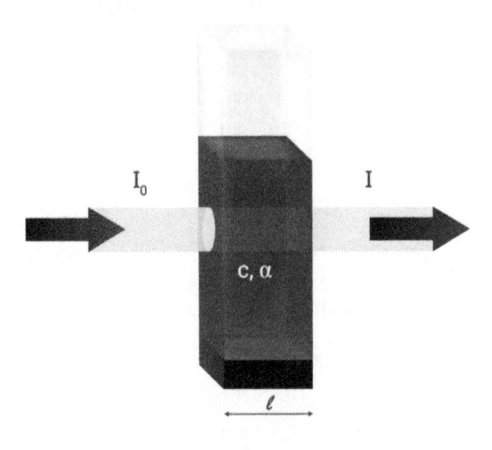

petrroudny43/Shutterstock

As interações entre os fótons e as partículas absorventes promovem o decréscimo do feixe de I_o a I. A transmitância T da solução é a fração da radiação incidente transmitida pela solução, como mostra a Equação 3.4:

Equação 3.4

$T = I/I_o$

A relação de transmitância e absorbância pode ser expressa pela Equação 3.5:

$T = I/I_o$

$A = \log(I_o/I)$

Equação 3.5

A = –log T

Quando a absorbância de uma solução aumenta, a transmitância diminui. A transmitância é frequentemente expressa como porcentagem.

Com a lei de Lambert-Beer, pode-se calcular a absortividade molar das espécies, se a concentração for conhecida. Também é possível utilizar o valor medido da absorbância para obter a concentração, caso a absortividade e o caminho óptico forem conhecidos. Vejamos o exemplo a seguir.

Exercício resolvido

1. Uma solução de sulfato de cobre tem concentração $4{,}50 \cdot 10^{-5}$ mol/L e de transmitância 40% quando medida em uma cubeta de 2 cm no comprimento de onda de 580 nm. Com base nessas informações, calcule:
   a) a absorbância dessa solução;
   b) a absortividade molar dessa solução.

Resposta

A = –logT

A = –log 0,4

A = –(–0,397)

A = 0,397

ε = A/bC

ε = 0,397/2 · 4,50 · 10^{-5}

ε = 4,41 · 10^3 L · mol^{-1} · cm^{-1}

3.2.1 Desvios da lei de Lambert-Beer

Os desvios da lei de Lambert-Beer são observados na proporcionalidade direta entre a absorbância e a concentração quando o caminho óptico é mantido constante. São classificados como *desvios reais*, *desvios instrumentais* e *desvios químicos*.

A lei de Lambert-Beer é classificada como uma *lei-limite*, pois descreve o comportamento da absorção somente para soluções diluídas. Os desvios reais estão relacionados à concentração das amostras. Soluções diluídas implicam íons ou moléculas muito dispersas entre si, permitindo que o feixe de luz passe pelo meio contendo a amostra sem desvios. Quando a solução apresenta uma concentração acima de 0,01 mol/L^{-1}, as distâncias dessas partículas diminuem, dificultando a passagem do feixe de luz, e, consequentemente, ocorre o desvio da relação linear entre a absorção e a concentração, ou seja, há o afastamento da lei de Lambert-Beer.

Os desvios químicos são as possíveis reações químicas que podem ocorrer em uma amostra que contém concentração de outra espécie absorvente que sofre associação, dissociação ou reação com o solvente, gerando um produto diferente do analito que se deseja quantificar.

Skoog et al. (2006, p. 689) afirmam que:

> A extensão desses desvios pode ser prevista a partir das absortividades molares das espécies absorventes e das constantes de equilíbrio envolvidas. [...] Os equilíbrios típicos que dão origem a esse efeito incluem o equilíbrio

monômero-dímero, equilíbrio de complexação de metal quando um ou mais agentes complexantes estão presentes, equilíbrio ácido-base e equilíbrio de associação entre o solvente e o analito.

Os desvios instrumentais estão relacionados com as limitações do instrumento usado para medição da absorbância. A lei de Lambert-Beer aplica-se para a radiação monocromática; porém, na prática, aplica-se às fontes policromáticas, provocando o desvio da lei de Lambert-Beer.

Esse efeito da radiação policromática na lei de Lambert-Beer é representado pela derivação a seguir, de acordo com Skoog et al. (2006).

Um feixe de radiação é constituído apenas de dois comprimentos de onda λ' e λ''. Conforme a lei de Lambert-Beer, ela aplica-se para cada comprimento de onda. Assim, para λ':

$$A' = \log \frac{P'_0}{P'} = \varepsilon' bc$$

$$\frac{P'_0}{P'} = 10^{\varepsilon' bc}$$

Em que:
P'_0 = potência incidente em λ';
P' = potência resultante em λ';
ε = absortividade molar;
b = caminho óptico;
c = concentração do absorvente.

Assim, a equação de λ' é escrita da seguinte forma:

$$P' = P'_0 10^{-\varepsilon' bc}$$

De maneira similar, para λ'':

$P'' = P_0'' \, 10^{-\varepsilon''bc}$

A absorbância é a soma das potências emergentes nos dois comprimentos de onda ($P' + P''$). Da mesma forma, a potência total incidente é a soma de $P_0' + P_0''$. Assim, a absorbância medida (Am) é:

$Am = \log \dfrac{P_0' + P_0''}{P' + P''}$

Substituindo P' e P'', temos:

$Am = \log \dfrac{P_0' + P_0''}{P_0' 10^{-\varepsilon'bc} + P_0'' 10^{-\varepsilon''bc}}$

$Am = \log (P_0' + P_0'') - \log (P_0' 10^{-\varepsilon'bc} + P_0'' 10^{-\varepsilon''bc})$

Assim, $\varepsilon' = \varepsilon'$, e a equação é simplificada:

Equação 3.6

$Am = \log (P_0' + P_0'') - \log [(P_0' + P_0'')(10^{-\varepsilon''bc})]$

$Am = \log (P_0' + P_0'') - \log (P_0' + P_0'') - \log (10^{-\varepsilon''bc})$

$Am = \varepsilon' bc = \varepsilon'' bc$

Mesmo com a relação da absortividade molar, descrita na Equação 3.6, para a radiação policromática, o desvio da linearidade ocorre porque as absortividades são diferentes. À medida que a diferença entre ε' e ε'' aumenta, o desvio da linearidade cresce.

O que é

Radiação policromática é uma luz multicolorida constituída de muitos comprimentos de onda, como a luz emitida pelo filamento de uma lâmpada de tungstênio.

Uma forma de amenizar o desvio da lei de Lambert-Beer em uma radiação policromática pode ocorrer, no caso da banda de comprimento de onda selecionada para as medidas espectrofotométricas corresponder a uma região do espectro de absorção, na qual a absortividade molar do analito seja, essencialmente, constante.

Exercício resolvido

2. Descreva o significado dos termos a seguir:
    a) *transmitância*;
    b) *absorbância*;
    c) *absortividade molar*.

   Resposta
   a) *Transmitância* é a fração da luz incidente que é transmitida por uma amostra, ou seja, é a razão entre a intensidade transmitida e a intensidade da luz incidente.
   b) *Absorbância* é a relação logarítmica, razão entre a intensidade transmitida e a intensidade da luz incidente.
   c) *Absortividade molar* é a característica de uma substância que indica a quantidade de luz absorvida em um determinado comprimento de onda.

Para saber mais

ROCHA, F. R. P.; TEIXEIRA, L. S. G. Estratégias para aumento de sensibilidade em espectrofotometria UV-Vis. **Química Nova**, São Paulo, v. 27, n. 5, p. 807-812, out. 2004. Disponível em: <https://www.scielo.br/j/qn/a/wLY84pzVXSZ68nnq5pczd5L/?lang=pt&format=pdf>. Acesso em: 7 out. 2021.

Esse artigo científico apresenta estratégias para o aumento de sensibilidade da espectrometria UV/Vis, visando à ampliação da faixa de aplicação da técnica e permitindo, em alguns casos, que medidas em concentrações da ordem de mol $\cdot$ L^{-1} sejam efetuadas.

Utilizando a lei de Lambert-Beer, foi possível reunir as alternativas para o aumento de sensibilidade em três grupos. O primeiro se refere ao emprego de estratégias para a formação de produtos com maiores absortividades molares; o segundo apresenta estratégias para o aumento do caminho óptico, permitindo que medidas sejam efetuadas com cubetas de até 5 m de caminho óptico; por fim, o terceiro diz respeito a procedimentos que exploram a concentração da espécie a ser, prévia ou simultaneamente, detectada.

3.3 Componentes do instrumento de espectroscopia de ultravioleta e visível

Os espectroscópicos usados nas regiões ultravioleta apresentam cinco componentes em sua estrutura:

1. Uma fonte de energia radiante estável.
2. Um seletor de comprimento de onda.
3. Um recipiente para coleta da amostra (cubeta ou cela).
4. Um detector de radiação, que converte a energia radiante em sinal elétrico.
5. Uma unidade de leitura do sinal.

A Figura 3.5 ilustra o arranjo desse instrumento, apresentando os componentes destinados a efetuar as medidas espectroscópicas.

Figura 3.5 – Arranjo instrumental de um espectrofotômetro

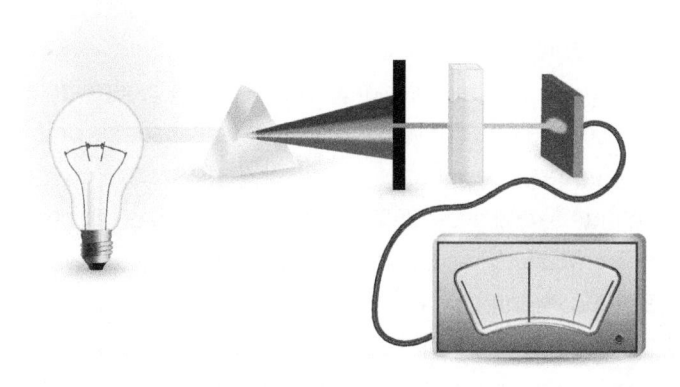

extender_01/Shutterstock

Cada componente do instrumento de espectrofotômetro será apresentado mais adiante, conforme suas funções.

Exercício resolvido

3. Calcule a absorbância para os valores a seguir utilizando a fórmula $A = -\log T$:
   a) 3,15%.
   b) 0,0290.

c) 1,15%.
d) 0,001.

Resposta

a) 1,50,
b) 1,54.
c) 1,94.
d) 3,00.

3.3.1 Fontes

Uma fonte apropriada para o uso da espectroscopia deve ser estável e gerar um feixe de radiação potente para permitir fáceis detecção e medida. As fontes espectroscópicas são de dois tipos: (1) contínuas e (2) de linhas.

Segundo Skoog et al. (2006), as fontes contínuas são aquelas que emitem radiação cuja intensidade se altera lentamente em função do comprimento de onda. Já as fontes de linhas emitem um número limitado de linhas espectrais, cada uma delas abrangendo uma região muito limitada de comprimento de onda.

As fontes contínuas são utilizadas conforme o tipo de espectroscopia, conforme ilustra a Tabela 3.1.

Tabela 3.1 – Fontes contínuas para espectroscopia

Fontes contínuas para espectroscopia		
Fonte	Comprimento de onda (nm)	Tipo de espectroscopia
Lâmpadas H2 e D2	160-380	Absorção molecular no ultravioleta
Lâmpada de xenônio	250-600	Fluorescência molecular
Lâmpada de tungstênio e halogênio	240-2500	Absorção molecular no ultravioleta e no visível
Lâmpada de tungstênio	350-2200	Absorção molecular no visível, no ultravioleta e no infravermelho
Fonte de Nernst	400-20000	Absorção molecular no infravermelho
Fio de níquel-cromo	750-20000	Absorção molecular no infravermelho

Para sermos bem específicos, no que se refere às regiões ultravioleta e visível, devem ser utilizadas as lâmpadas de tungstênio e de hidrogênio. As lâmpadas de tungstênio fornecem um comprimento de onda de 320 a 2200 nm, conforme mostra a Tabela 3.1, promovendo uma temperatura de cerca de 2900 K.

Já as lâmpadas de tungstênio e halogênio são bastante utilizadas porque têm uma faixa de comprimento de onda extensa, alta intensidade e tempo de vida útil maior do que a de tungstênio comum, já que o interior do bulbo contém iodo, o que provoca a sublimação do tungstênio, que reage para formar moléculas de WI2. Também podem ser chamadas de *lâmpadas de quartzo halógenas*.

As lâmpadas de hidrogênio, também chamadas de *deutério*, são utilizadas com frequência nas medidas de espectroscopia. Apresentam um tubo cilíndrico que contém deutério a baixa pressão, com uma janela de quartzo para a saída da radiação.

Outras fontes utilizadas para espectroscopia nas regiões ultravioleta e visível são as lâmpadas de cátodo oco, os *lasers* e as lâmpadas de arco de mercúrio à baixa pressão; estas operam na faixa de 253,7 nm do mercúrio.

3.3.2 Seletores de comprimento de onda

Esses dispositivos melhoram a seletividade e a sensibilidade de um instrumento espectroscópio nas regiões ultravioleta e visível, já que limitam a radiação que está sendo medida em uma banda estreita, que é absorvida ou emitida pelo analito, fazendo com que o desvio da lei de Lambert-Beer seja amenizado por causa do uso da radiação policromática.

Um monocromador ou um filtro são dispositivos utilizados para selecionar o comprimento de onda em um espectrofotômetro de absorção atômica nas regiões ultravioleta e visível, isto é, eles isolam a banda de comprimento de onda com a qual se deseja trabalhar na medição da absorbância. Outro dispositivo utilizado é o espectrógrafo, que utiliza uma rede para dispersar o espectro de forma que possa ser detectado por multicanais.

Os instrumentos mais antigos utilizam os prismas para selecionar o comprimento de onda desejado. Na atualidade, eles foram substituídos pelos monocromadores e pelos policromadores.

3.3.2.1 Mecanismo de difração de um monocromador de rede

Um monocromador, geralmente, conta com uma rede de difração que dispersa a radiação e, posteriormente, seleciona o comprimento de onda denominada *banda de passagem espectral* ou *largura de banda efetiva*.

Segundo Skoog et al. (2006, p. 712), em um mecanismo de difração de um monocromador de rede típico, "A radiação de uma fonte entra no monocromador por uma abertura retangular estreita, ou fenda. A radiação é então colimada por um espelho côncavo, o qual produz um feixe paralelo que atinge a superfície de uma rede refletora".

A dispersão angular ocorre por difração na superfície refletora. A radiação que penetra no monocromador apresenta dois comprimentos de onda, λ_1 e λ_2, sendo λ_1 maior do que λ_2. Ambos são focados por outro espelho côncavo sobre o plano focal do monocromador, que tem duas imagens da fenda de entrada para cada um dos comprimentos de onda. Girando-se a rede, qualquer uma das imagens escolhidas pode ser focada na fenda de saída, gerando, assim, uma forma espectral com largura de banda efetiva. Essa largura da banda depende do tamanho e da qualidade do elemento de dispersão, das larguras das fendas e de sua distância focal.

3.3.2.2 Tipos de redes refletoras

As redes dos monocromadores são compostas por réplicas de redes mestras.

Skoog et al. (2006, p. 713) explicam que uma rede "consiste em uma superfície dura, opticamente plana e polida sobre a qual uma ferramenta de diamante de formato adequado criou um grande número de ranhuras próximas e paralelas".

Para uma rede nas regiões ultravioleta e visível há de 300 a 2000 ranhuras/mm, sendo mais comum as de 1200 a 1400 ranhuras/mm. São classificados três tipos de redes:

1. **Redes tipo Echellette** – São as redes refletoras mais comuns. Suas ranhuras são amplamente largas, ao passo que sua geometria promove uma difração muito eficiente da radiação. Sua vantagem sobre um monocromador de prisma é que ela apresenta uma dispersão da radiação ao longo do plano focal totalmente linear para todas as finalidades práticas.
2. **Redes côncavas** – São construídas em uma superfície côncava, o que permite um monocromador sem o uso de lentes ou de espelhos auxiliares focalizadores, porque a superfície côncava dispersa a radiação focando na fenda de saída. Com esse arranjo, as redes côncavas têm uma vantagem em relação ao custo.
3. **Redes holográficas** – Têm destaque no que se refere à tecnologia em relação às outras redes, em razão da grande perfeição que apresentam no formato das ranhuras e em suas dimensões, pois fornecem espectros livres de imagens duplas.

3.3.2.3 Filtros de radiação

Os filtros são também utilizados como seletores de comprimento de onda. Classificam-se em dois tipos: (1) filtros de interferência e (2) filtros de absorção. Diferenciam-se entre si porque os primeiros transmitem uma fração muito maior de radiação nos comprimentos de onda nominais em relação aos segundos, isto é, os filtros de interferência apresentam picos maiores do que os filtros de absorção.

Os filtros de interferência baseiam-se na interferência óptica para produzir uma banda de radiação estreita, de 5 a 20 nm de largura. Fisicamente, são compostos por uma camada fina de um material dielétrico, constituída quimicamente por fluoreto de cálcio ou fluoreto de magnésio.

Outro fator que diferencia os filtros são suas aplicações. Os filtros de interferência são empregados nas radiações ultravioleta, visível e infravermelho. Já os filtros de absorção são aplicados apenas na região visível.

Estes constituem-se de placas de vidro colorido que removem a parte da radiação incidente por absorção e apresentam larguras de banda efetivas na faixa de 30 a 250 nm, detendo baixo desempenho se comparado aos filtros de interferência. Além disso, apresentam uma limitação, pois são empregados somente quando as medidas são feitas em determinado comprimento de onda fixo.

3.3.3 Detectores

Para quantificar uma informação proveniente de um espectrofotômetro de absorção atômica, é preciso contar com um dispositivo que a codifique e a processe como um sinal elétrico. Esse dispositivo é denominado *detector*.

No caso um detector que converta quantidades, como intensidade de luz, potencial hidrogeniônico (pH), massa e temperatura, em sinais elétricos, é chamado de *transdutor de radiação*.

Em uma demonstração matemática, essa conversão pode ser expressa da seguinte forma:

Equação 3.7

$$G = KP + K'$$

Em que:
G = resposta elétrica do detector em unidade de corrente, voltagem ou carga;
K = constante de proporcionalidade que mede a sensitividade do detector em termos de sua resposta elétrica por unidade de potência radiante de entrada;
P = potência radiante do feixe;
K' = constante de corrente de escuro (é uma corrente produzida por um detector fotoelétrico quando nenhuma luz o está atingindo).

Considerando-se K' uma constante que os próprios instrumentos subtraem automaticamente, a Equação 3.7 pode ser simplificada:

Equação 3.8

G = KP

3.3.3.1 Tipos de transdutores ou detectores

Existem dois tipos de transdutores: (1) os fótons e (2) os térmicos. Veremos detalhes de ambos na sequência.

Fótons

Os fótons estão relacionados à interação da radiação com uma superfície reativa que produz elétrons, denominada *fotoemissão*, ou para os elétrons no estado energéticos nos quais podem produzir eletricidade (fotocondução). Os transdutores térmicos são empregados na radiação do infravermelho.

Os fótons mais empregados na instrumentação dos espectrofotômetros são os fototubos, os tubos fotomultiplicadores, os fotodiodos de silício e o arranjo de fotodiodos.

Segundo Skoog et al. (2006, p. 722), "A resposta de um fototubo ou de um tubo fotomultiplicador está baseada no efeito fotoelétrico. [...] um fototubo consiste em um fotocátodo semicilíndrico e um ânodo em forma de fio selados, sob vácuo, dentro de um invólucro de vidro transparente.

O fototubo tem uma superfície côncava que contém uma camada de material fotoemissivo, como um metal alcalino ou um óxido metálico, que emite os elétrons quando irradiado com luz de energia apropriada. Quando uma voltagem é aplicada pelos eletrodos, os fotoelétrons emitidos são atraídos para o ânodo positivamente carregado, gerando uma fotocorrente.

O tubo fotomultiplicador (TFM) é mais sensível do que os fototubos, por isso estão entre os tipos de transdutores mais empregados para detecção de radiação UV/Vis. Seu fotocátodo é parecido com o do fototubo, porém, no lugar de um ânodo constituído por um fio, o TFM apresenta uma série de eletrodos chamados de *diodos*, que aceleram os elétrons.

Os fotodiodos de silício – ou diodos de silício – funcionam como detectores de radiação porque os fótons das regiões ultravioleta e visível são muito energéticos para criar elétrons (N) e vacâncias (P) adicionais quando atingem a camada de depleção da junção P-N.

Os elétrons e as vacâncias são provenientes do processo de dopagem do silício, que consiste na reação química que ocorre com elemento, que pertence ao grupo IV da tabela periódica. O arranjo químico de quatro silícios forma quatro ligações covalentes. Com agitação térmica, esse arranjo se move liberando um elétron, que deixa um buraco, denominado *valência*, carregado positivamente. Para aumentar a condutividade do silício, aplica-se a ele uma dopagem, que consiste na adição de um elemento químico do grupo III ou do grupo V da tabela periódica, como ilustra a Figura 3.6.

Figura 3.6 – Dopagem do silício

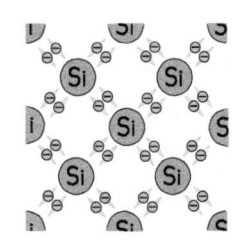

Sergey Merkulov/Shutterstock

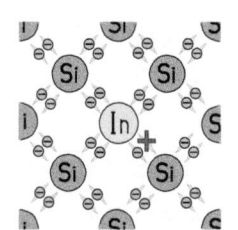

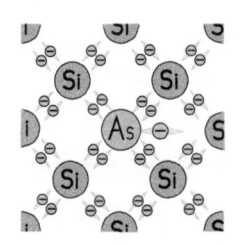

Quando o silício é dopado com um elemento do grupo III, a exemplo do índio, ocorre excesso de valência, já que o índio conta com três elétrons em sua camada e, consequentemente, gera cargas positivas, e a dopagem é classificada do tipo P.

Por sua vez, quando o silício é dopado com um elemento do grupo V, como o arsênio, quatro dos cinco elétrons de valência do dopante formam ligações covalentes com quatro átomos de silício, deixando um elétron livre, originando uma dopagem do tipo N. A junção das dopagens origina um diodo do tipo P-N, ou seja, um diodo de silício ou fotodiodo que responde à luz incidente por meio da formação de pares de elétrons e de vacâncias.

Assim, um fotodiodo de silício é um diodo de silício reversamente polarizado, empregado para medir a potência radiante e que funciona como um retificador de corrente. Um detector de diodo de silício é mais sensível do que um fototubo; porém, é menos sensível do que um fotomultiplicador.

Arranjos de diodos são agrupamentos de mais de 1.000 unidades de diodos em uma única lâmina de silício, que, se tiver mais de dois arranjos posicionados no plano focal de um monocromador, provoca o monitoramento simultâneo de todos os comprimentos de onda e, consequentemente, alta velocidade.

Detectores térmicos

Os detectores térmicos são aplicados para medir radiação a infravermelha. Conforme Skoog et al. (2006, p. 727): "Um detector térmico apresenta uma superfície pequena enegrecida que absorve radiação infravermelha, aumentando, consequentemente, a sua temperatura. O aumento de temperatura é convertido em um sinal elétrico que é amplificado e medido". Os detectores térmicos são classificados em quatro tipos: (1) os termopares, (s) os bolômetros, (3) os pneumáticos e (4) os piroelétricos.

3.3.3.2 Recipientes para amostras (cubetas)

Os recipientes utilizados para acondicionar as amostras nos espectrofotômetros de absorção atômica são denominados *cubetas* ou *células*. Elas devem ter janelas transparentes na região espectral de interesse, como apresenta a Figura 3.7.

Figura 3.7 – Cubetas retangulares

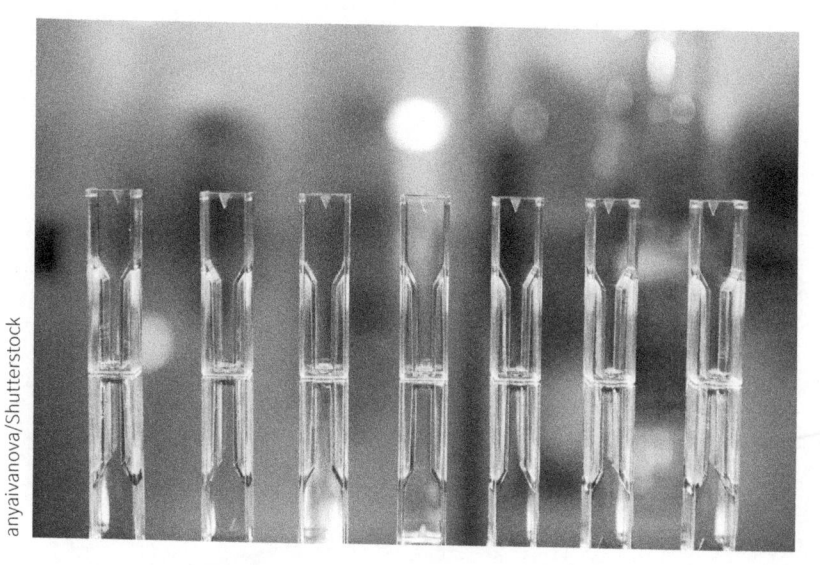

Em geral, as cubetas são constituídas de quartzo, vidro silicato e plásticos. Para os espectros na faixa visível, é mais comum serem adequadas as cubetas feitas de vidro ou de plásticos. Já para as medições na região ultravioleta, as de vidro e de plástico não podem ser utilizadas, já que absorvem a radiação ultravioleta. Portanto, nesse caso, devem ser usadas as cubetas de quartzo.

O mercado oferece cubetas de diferentes formas geométricas (redondas, quadradas e retangulares) e de diferentes caminhos ópticos. As quadradas e as retangulares apresentam faces planas e paralelas e são opticamente polidas, isentas de efeitos ópticos, sendo as mais indicadas para o uso, pois, em relação às outras formas geométricas, são mais precisas e exatas. O controle de qualidade das cubetas é realizado com testes de superfície, determinação de erros na espessura e testes para verificar a limpeza do material.

    O manuseio das cubetas é de extrema necessidade para a qualidade dos dados. Por isso, é importante que sejam posicionadas corretamente no interior do instrumento, sendo que a janela transparente deve ficar voltada para a penetração do feixe de luz. Sua limpeza é outro fator importantíssimo, visto que impressões digitais, gorduras e poeira em suas paredes podem impedir a leitura correta do espectro. A higienização deve ocorrer antes e depois de cada análise. Após o uso, as cubetas devem ser lavadas com água destilada ou deionizada e secas com lenços extremamente macios para não provocar arranhões. É recomendado o uso de luvas para manuseá-las.

3.3.5 Dispositivos de leitura

São dispositivos eletrônicos que amplificam os impulsos elétricos provenientes de um detector, alterando o sinal de corrente contínua para um sinal de corrente alternada. Eles filtram o sinal para remover os componentes indesejáveis e, ainda, efetuam operações matemáticas com ele. Os equipamentos modernos têm esse dispositivo de leitura acoplado em si, e permitem, além da visualização, a impressão dos espectros.

    Um espectro de absorbância é um gráfico da absorbância *versus* o comprimento de onda, como ilustra o Gráfico 3.1.

Gráfico 3.1 – Espectro de absorbância

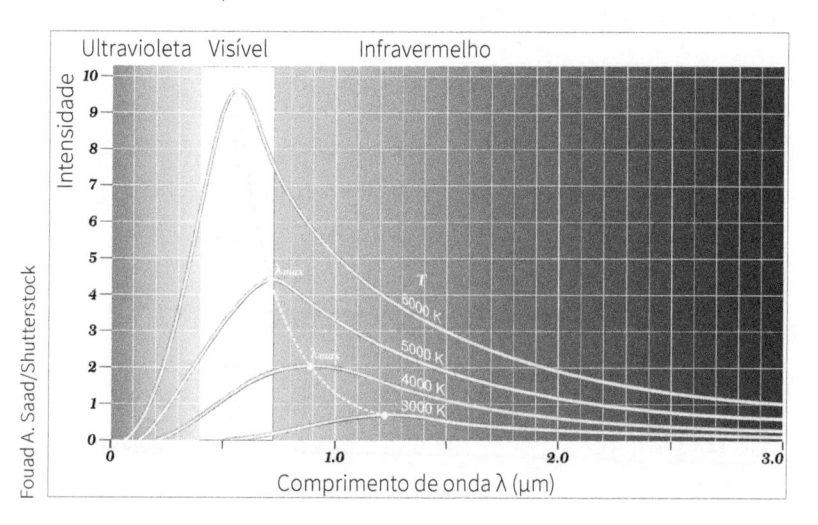

Com a absorbância, é possível determinar qual é a espécie química que está presente em uma amostra. Também se pode detectar contaminações ou processos de decomposição de matérias-primas pela comparação dos espectros de absorção da matéria analisada e seu padrão.

Curiosidade

Por meio do espectro de absorbância, podemos ter informações quantitativas e qualitativas da amostra. Quantitativamente, elas são dadas pela intensidade de absorbância e, qualitativamente, pela posição da banda de absorção, o lambda máximo.

3.4 Espectrofotômetros ultravioleta e visível

Após identificar e entender a função de cada componente interno de um espectrofotômetro de absorção atômica, podemos agora verificar como quantificar a concentração de um analito por meio dos espectros fornecidos pela leitura.

O comércio fornece vários modelos e tipos de espectrofotômetros que variam de acordo com sua complexidade e seu desempenho, existindo modelos simples e mais sofisticados. A grande maioria cobre as regiões ultravioleta e visível, além do infravermelho.

3.4.1 Tipos de espectrofotômetros para as regiões ultravioleta e visível

Os instrumentos para a espectrometria óptica do tipo espectrofotômetro estão relacionados à faixa de comprimento de onda que geralmente varre de 1 a 20 nm, que consiste na exatidão e na precisão requeridas para as análises. Podem ser encontrados nas variedades de feixe único ou duplo.

Os instrumentos de feixe único devem ser ajustados a 0% T e 100% T, antes de cada medida de transmitância e absorbância. Para esse tipo de instrumento, a calibração 0% T é realizada quando é zerado o dispositivo de leitura com o compartimento da amostra (cubeta) vazio, de modo que o obturador bloqueie o feixe e nenhuma radiação atinja o detector. Já a calibração de 100% T ocorre quando se coloca na cubeta o solvente (branco) – geralmente, usa-se a água destilada no caminho do feixe de luz –, abre-se o obturador e varia-se a intensidade da radiação até que o sinal seja de 100% de transmitância. Após esses procedimentos, coloca-se a amostra que se deseja quantificar. Cabe destacar que a concentração na cubeta é seu percentual de transmitância ou de absorbância, como lido no indicador de sinal.

O que é

Obturador é uma lâmina que cai automaticamente entre o feixe e o detector quando a cubeta é removida de seu suporte.

Os instrumentos de feixe duplo apresentam feixes que atravessam a solução de referência (branco) para um fotodetector, sendo que o segundo feixe passa, simultaneamente, pela amostra para um segundo fotodetector casado. Para a calibração desse instrumento, o ajuste de 0% T é feito com a interrupção de radiação nos dois feixes, e o de 100% T, com o branco na cubeta dos dois feixes. Por fim, as duas saídas são amplificadas e a razão entre elas, ou o logaritmo de sua razão, é obtida eletronicamente, lido no indicador de sinal.

Segundo Skoog et al. (2006, p. 731): "Os instrumentos de feixe duplo oferecem a vantagem de compensar qualquer flutuação na potência radiante da fonte, exceto aquelas de duração mais curta. Eles também compensam amplas variações na intensidade da fonte em função do comprimento de onda".

Outro instrumento ofertado no mercado são os multicanais. Esse tipo pode ser desenvolvido com configurações de feixe único ou de feixe duplo. O que o diferencia dos outros tipos é o acoplamento de arranjos de fotodiodos e um espectrógrafo de rede colocado após a célula da amostra (cubeta). O arranjo de fotodiodos é posicionado no plano focal do espectrógrafo. Com esses detectores, a medida do espectro total ocorre em menos de 1 segundo.

3.5 Procedimentos experimentais

Existem várias etapas em uma análise de espectrofotometria de absorção atômica: seleção de comprimento de onda, variáveis que influenciam a absorbância e as interferentes.

- **Seleção de comprimento de onda** – É primordial que o operador do instrumento tenha conhecimento da amostra que irá analisar, pois cada elemento químico – íon ou molécula – absorve radiação em uma faixa específica de comprimento de onda.
- **Variáveis que influenciam a absorbância** – Um estudo prévio deve ser realizado para poder identificar as possíveis influências na análise: natureza do solvente, pH da solução, temperatura e concentração de eletrólitos. Quanto à natureza do solvente, geralmente utiliza-se água; porém, em alguns casos, os solventes são específicos. O pH da solução também é um fator que pode manipular os resultados, assim

como a temperatura, já que, em algumas situações, podem modificar a solução, como alterar sua cor ou propiciar o aparecimento de coloides, a concentração de eletrólitos e a presença de substâncias indesejáveis.

- **Interferentes** – Limpeza e manuseio da cubeta são fundamentais, uma vez que a falta de higiene contribui sensivelmente para aumentar o erro na leitura de uma absorbância ou de uma transmitância. Para realizar uma análise precisa, é importante certificar-se da qualidade da cubeta, tendo em vista que ela serve de acondicionamento para a amostra, não devendo contribuir ou interferir nas medidas de absorbância ou de transmitância. As cubetas, em função do uso contínuo, podem, com o tempo, perder a transparência, apresentar coloração e sofrer danos por abrasão, como ranhuras e trincas. Cubetas de diferentes fabricantes podem, também, apresentar alterações nas leituras da transmitância ou da absorbância de uma solução. Alguns autores sugerem que, para obter-se um bom controle das imperfeições na parede das cubetas, que seja feito com elas um teste simples de calibração, realizado com água destilada, conforme o procedimento a seguir.

3.5.1 Procedimentos de limpeza da cubeta

Antes de iniciar a análise, deve-se seguir os seguintes procedimentos:

- Preencher todas as cubetas com água destilada e escolher uma delas ao acaso, que será considerada a referência.

- Ler no espectrofotômetro o valor da absorbância e anotar.
- Fazer leituras com as outras cubetas, nas mesmas condições, nos seguintes comprimentos de onda: 420 nm, 570 nm, 580 nm e 650 nm.
- Realizar as medidas em triplicata, fazendo a média dos valores obtidos, e comparar os desvios relativos ao da absorbância encontrada para a referência.
- Todas as cubetas deverão ser lidas nos mesmos comprimentos de onda.

Para testar as imperfeições na espessura das cubetas, Pedrazzi et al. (1980, citados por Sánchez; Dallarosa, 2002) indicam esse mesmo procedimento experimental. Para o teste da superfície da cubeta, deve-se substituir a água destilada por uma solução aquosa de sulfato de cobre a 5%, determinando sua absorbância a 610 nm.

Perante os valores fornecidos nos testes realizados, as cubetas que, no espectrofotômetro, apresentarem variações de absorbância de + 0,002 em relação à cubeta de referência contêm imperfeições e não devem ser utilizadas em trabalhos analíticos, pois a variação máxima aceitável é de + 0,01.

Sánchez e Dallarosa (2002) afirmam que a causa mais comum de erro se deve aos depósitos sobre as paredes da cubeta, causados por sua limpeza ineficiente. As autoras mencionam o método da ASTM E275/93 (ASTM International, 1993) para testar a limpeza e as diferenças na espessura (ou paralelismo das paredes da cubeta), determinando sua absorbância e utilizando o ar como referência.

3.5.2 Experimento

Para o experimento, deve-se seguir o seguinte procedimento:

- Determinar a absorbância de uma cubeta com água, usando o ar como referência, a 240 nm (com cubeta de quartzo) ou a 650 nm (com cubeta de vidro).
- Varrer a região espectral de interesse. A absorbância obtida não deve ser maior do que 0,093 para células de 1 cm de quartzo e 0,035 para células de 1 cm de vidro;
- Para verificar se todas as paredes da cubeta são iguais, deve-se ler a absorbância trocando a posição do recipiente. A diferença de absorbância obtida não deve ser superior a 0,005.

A correção das cubetas também pode ser feita pela leitura da absorbância da cubeta-amostra, com solvente utilizado na metodologia analítica na cubeta de referência. A diferença não deve ser maior do que 0,01. Para a correção da imperfeição, o valor obtido para a absorbância da cubeta-amostra deverá ser subtraído de todas as leituras de absorbância para as amostras que utilizaram o mesmo solvente do teste, se forem medidas nas mesmas cubetas em que o teste foi realizado (ASTM International, 1993).

3.5.3 Determinação da relação entre absorbância e concentração

Para determinar a concentração de uma amostra utilizando a espectrofotometria de absorção, é necessário fazer uma curva de calibração antes das medições. Para levantar uma curva de calibração empregando um padrão externo, inicialmente se prepara separadamente a amostra e, em contraste, um padrão interno é adicionado a ela. Deve-se dispor de uma quantidade desses padrões externos contendo o analito em concentração conhecida. Geralmente, três ou mais dessas soluções são usadas no processo de calibração, como demonstra a Figura 3.8.

A curva de calibração deve ser realizada porque o instrumento precisa ter uma faixa de concentração *versus* absorbância para, posteriormente, quantificar a amostra.

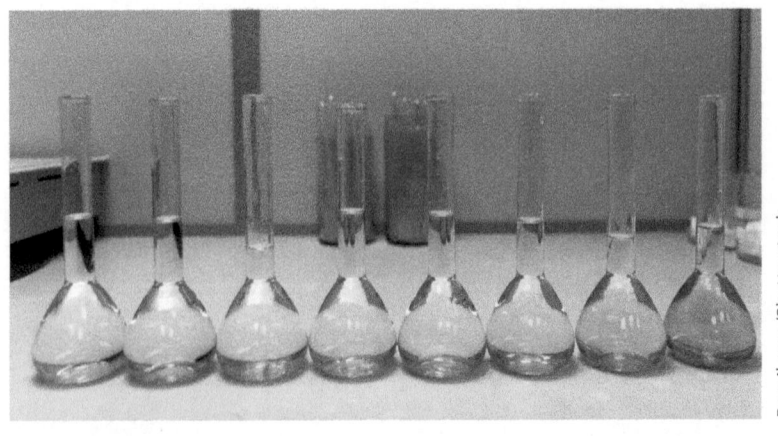

Figura 3.8 – Soluções para plotar a curva de calibração

Pencil case/Shutterstock

Segundo Rosa, Gauto e Gonçalves (2013, p. 112), "o experimento a seguir descreve o passo a passo, a metodologia sobre como determinar hidrocarbonetos aromáticos em água".

O experimento possibilita a análise de uma amostra de água possivelmente contaminada por hidrocarbonetos aromáticos por espectrofotometria no ultravioleta.

Reagentes necessários: metanol, benzeno e tolueno

Procedimento:

- Transfira 50 µL de benzeno para um balão volumétrico aferido de 25 mL e complete o volume com metanol;
- A partir desta solução, prepare diluições em balões volumétricos de 10 mL, com adição de 0,25; 0,50; 0,75; 1,00; e 1,5 mL e complete o volume com metanol;
- Use o metanol como branco e a solução mais concentrada da curva para obter o espectro de absorção;
- Faça as leituras com o comprimento de onda entre 200-300 nm. Anote os valores dos comprimentos de onda de máxima absorção dos picos observados. Existe um pico bem definido em 250 nm;
- Use cada uma das soluções-teste em sequência e meça a absorção para cada concentração no comprimento de onda observado;
- Verifique a validade da Lei de Lambert-Beer;
- Repita o procedimento, colocando 50 µL de tolueno em balão volumétrico e complete o volume com metanol;

- A partir desta solução, prepare diluições em balões volumétricos de 10 mL, com adição de 0,25; 0,50; 0,75; 1,00; e 1,5 mL e complete o volume com metanol;
- Repita o mesmo procedimento escolhendo o comprimento de onda de 270 nm para a leitura da absorção máxima;
- Verifique a validade da Lei de Lambert-Beer;
- Prepare uma mistura de tolueno e benzeno a partir da adição de 50 µL de cada um desses solventes em um balão volumétrico de 25 mL. Complete o volume com metanol;
- Transfira 1,5 mL desta mistura para um balão de 10 mL e complete o volume com metanol;
- Meça a absorbância dessa solução nos dois comprimentos de onda escolhidos para a confecção da curva, para a verificação da validade da Lei de Lambert-Beer;
- Compare os resultados obtidos com as soluções individuais de tolueno e benzeno com o resultado obtido para a mistura.

Cuidados com espectrofotômetro

- É importante que o instrumento seja calibrado e manuseado de acordo com as instruções do fabricante, pois ele já traz a margem de erro que o aparelho possui;
- Para evitar erros de leitura certifique-se da posição correta da cubeta no encaixe do instrumento e se o equipamento esteja bem fechado;
- Manter o instrumento sempre limpo, fechado e coberto com capa protetora para evitar o acúmulo de partículas de poeira que podem interferir na análise. A cubeta deve ser guardada limpa e seca;

- Lembre-se que na espectrofotometria de absorção apenas compostos que absorvem luz podem ser analisados;
- Em caso de soluções fortemente coloridas, as mesmas deverão ser diluídas, no mínimo 5 diluições de concentração conhecida, e lidas no espectrofotômetro e uma curva analítica deverá ser traçada com a finalidade de determinar o coeficiente de extinção molar. Esse procedimento deve ser realizado porque soluções muito concentradas tendem provocar erros de leitura, devido às moléculas estar muito próximas umas das outras.

Fonte: Rosa; Gauto; Gonçalves, 2013, p. 112.

3.5.6 Aplicações

A espectroscopia de absorção atômica UV/Vis pode ser de bancada ou de campo (portátil). Ela é bastante utilizada em diversas áreas – entre elas a química, a física, a biologia, a bioquímica e a engenharia química – em aplicações clínicas e industriais, visto que apresenta baixo custo, fácil manuseio e simples manutenção.

Para saber mais

ALVES, L. D. S. et al. Desenvolvimento de método analítico para quantificação do efavirenz por espectrofotometria no UV-Vis. **Química Nova**, São Paulo, v. 33, n. 9, p. 1967-1972, 2010. Disponível em: <https://www.scielo.br/pdf/qn/v33n9/26.pdf>. Acesso em: 11 out. 2021.

O artigo descreve o desenvolvimento e a validação de um método analítico (espectrofotometria de absorção no ultravioleta visível UV/Vis) para a quantificação da matéria-prima efavirenz, de forma que o método atenda às exigências da International Conference on Harmonization (ICH) e da Agência Nacional de Vigilância Sanitária (Anvisa), conferindo praticidade, confiabilidade e baixo custo para a utilização desse método na rotina laboratorial da indústria farmacêutica.

Síntese

Neste capítulo, abordamos a espectrometria de absorção atômica nas regiões ultravioleta e visível.

Iniciamos apresentando os conceitos fundamentais de absorção, espectros, processo de excitação de um átomo gasoso e ondas eletromagnéticas. Em seguida, analisamos a lei de absorção, conhecida como *lei de Lambert-Beer*, e seus respectivos desvios.

Relatamos ainda os tipos de espectrofotômetros e os componentes que os integram, além dos tipos de detectores (transdutores), cubetas e dispositivo de leitura.

Descrevemos as etapas a serem seguidas para a análise de espectrofotometria, assim como os cuidados que devem existir quanto ao uso do espectrofotômetro, especialmente em relação a sua manutenção e seu manuseio. Por fim, vimos como as cubetas devem ser manuseadas e higienizadas para evitar interferências nas leituras.

Capítulo 4

Eletroquímica e suas interações com a matéria

Conteúdos do capítulo:

- Célula eletroquímica.
- Termodinâmica para a eletroquímica.
- Métodos eletroanalíticos.
- Instrumentos para medição do potencial por método de potenciometria.
- Eletrodos de medições de potenciais.
- Eletrodos de referência.
- Eletrodos indicadores (metálicos e membrana).

Após o estudo deste capítulo, você será capaz de:

1. conceituar as técnicas eletroanalíticas;
2. identificar materiais e equipamentos necessários à prática;
3. compreender as reações de oxirredução em um metal/material condutor;
4. descrever as técnicas mais usuais e suas aplicações;
5. distinguir os tipos de eletrodos.

As técnicas eletroanalíticas têm, em suas referências, o parâmetro da transferência de cargas e de íons metálicos a fornecer leituras de concentrações e de caracterizações com base em interações moleculares dos elementos ou de reações químicas.

Neste capítulo, abordaremos conceitos termodinâmicos para as técnicas eletroanalíticas, as quais, geralmente, utilizam uma célula eletroquímica (ânodo, cátodo, eletrólito ou fonte aplicando potencial) para captação de leituras na interface eletrodo-eletrólito.

Algumas técnicas eletroanalíticas são divididas em dois tipos de métodos:

1. Interfaciais por corrente controlada (coulometria, voltametria, titulações amperométricas, eletrogravimetria) e em corrente constante (titulações coulométricas, eletrogravimetria).
2. De reações que ocorrem no interior da solução, para evitar os efeitos interfaciais (condutimetria e titulações condutimétricas).

Vale citar alguns equipamentos que estudaremos neste capítulo: pHmetro, potenciostato (equipamento de alto custo e de manuseio que exige técnica precisa do operador) e eletrodos de referência (eletrodos estáveis e calibrados, que servem de base para a medição da transferência de íons em meio aquoso).

As técnicas eletroanalíticas são de relevante utilização no meio industrial – sobretudo na metalurgia – para realizar controles analíticos de concentrações de banhos metálicos de galvânicas e controle de índice hidrogeniônico (pH), assim como acontece no setor industrial, que solicita às universidades análises mais específicas com potenciostatos.

4.1 Célula eletroquímica

Os métodos analíticos quantitativos, que têm por base propriedades elétricas da solução de um analito, fornecem caracterizações eletroanalíticas, também chamadas de *técnicas eletroquímicas* ou *técnicas eletroanalíticas*.

As técnicas eletroanalíticas, pela transferência de íons na interface eletrodo-solução, formam uma célula eletroquímica e captam informações da velocidade de transferência de massa, da extensão de adsorção e quimissorção e das velocidades e constantes de equilíbrio de reações químicas.

Uma célula eletroquímica é composta por dois condutores elétricos, ditos *eletrodos* (cátodos e ânodos), imersos em soluções de eletrólitos. Os eletrodos são conectados por um meio condutor, ocorrendo a transferência de íons no processo de oxirredução das moléculas. Na Figura 4.1, é apresentado um exemplo de célula eletroquímica, formada por um eletrodo de zinco e um eletrodo de cobre, em uma solução de sulfato de zinco e solução de sulfato de cobre, respectivamente. Há uma ponte salina, que é o meio condutor entre os eletrodos, e o voltímetro determina qual o potencial metálico na transferência de massa por oxirredução, na qual um eletrodo irá doar elétrons e o outro irá recebê-los.

Figura 4.1 – Célula eletroquímica

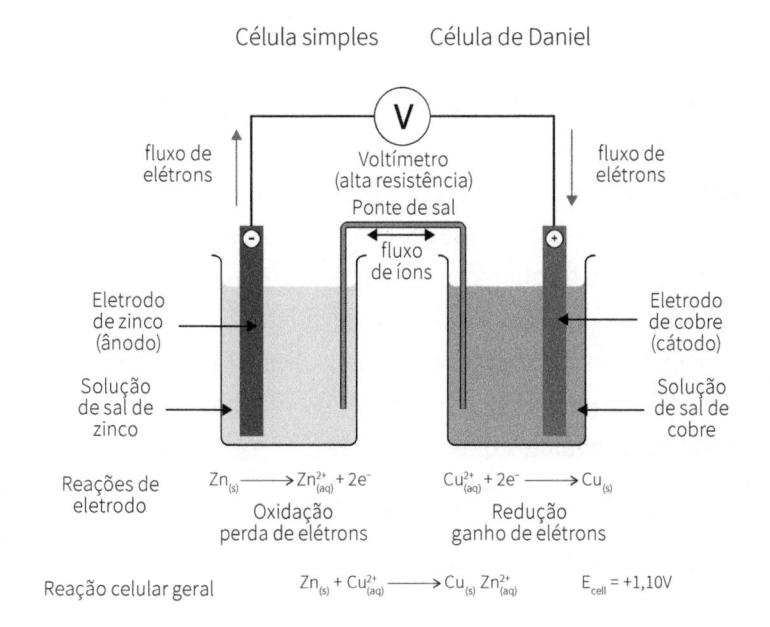

Célula simples   Célula de Daniel

fluxo de elétrons
Voltímetro (alta resistência)
Ponte de sal
fluxo de íons
fluxo de elétrons

Eletrodo de zinco (ânodo)
Eletrodo de cobre (cátodo)
Solução de sal de zinco
Solução de sal de cobre

Reações de eletrodo
$Zn_{(s)} \longrightarrow Zn^{2+}_{(aq)} + 2e^-$
Oxidação
perda de elétrons

$Cu^{2+}_{(aq)} + 2e^- \longrightarrow Cu_{(s)}$
Redução
ganho de elétrons

Reação celular geral
$Zn_{(s)} + Cu^{2+}_{(aq)} \longrightarrow Cu_{(s)} \ Zn^{2+}_{(aq)}$
$E_{cell} = +1{,}10V$

Steve Cymro/Shutterstock

O que é

Uma **célula eletroquímica** é composta por diferentes partes:

- **Ânodo** – É o eletrodo no qual ocorre a oxidação de uma reação eletroquímica.
- **Cátodo** – É o eletrodo no qual ocorre a redução de uma reação eletroquímica.
- **Eletrólito** – Solução condutora com sais metálicos, na qual ocorre a relação intermolecular de íons.

As reações são consideradas eletroquímicas por causa da associação com a passagem de corrente elétrica por uma distância finita, maior do que a distância interatômica. Esse transcurso de corrente envolve o movimento de partículas carregadas de íons, elétrons ou ambos. Dessa forma, na maioria das reações que se manifestam na presença de uma superfície metálica, ocorre essa passagem de corrente através do metal, e a reação é eletroquímica em sua natureza (Wolynec, 2003).

A Figura 4.1 ilustra os íons de zinco migrando – esse eletrodo doa elétrons, acontecendo assim a oxidação. Para o cobre, ocorre um ganho de íons em sua superfície, ou seja, há a redução, como apresenta a seguinte equação:

$Zn(s) \leftrightarrow Zn^{2+} + 2e^-$ para oxidação $Me \leftrightarrow Me^{n+} + ne^-$

$Cu^{2+} + 2e^- \leftrightarrow Cu(s)$ para redução $Me^{n+} \leftrightarrow ne^- + Me$

Equação 4.1

$Cu(s) + Zn^{2+} \leftrightarrow Cu^{2+} + Zn(s)$

Em que:
Me = metal;
Zn = zinco;
Cu = cobre;
e = elétron;
n = número equivalente.

Podem ser obtidas reações quimicamente reversíveis, tais como a que está representada na Equação 4.1, quando, por uma indução de corrente ou uma mudança de potencial (polarização), os eletrodos se comportam de forma inversa a seu curso espontâneo.

4.1.1 Termodinâmica para a eletroquímica

As reações que ocorrem em uma célula eletroquímica estão relacionadas com a atividade entre reagentes e produtos que tendem ao equilíbrio termodinâmico.

Para Skoog, Holler e Nieman (2002), no que se refere à termodinâmica, o equilíbrio das reações a temperatura e pressão constantes é demonstrado pela Equação 4.2 da energia Livre, fornecendo uma relação com sistemas eletroquímicos quando interrelaciona o potencial da célula ($E_{célula}$) e a Equação 4.3, correlação que é denominada *equação de Nerst*.

Equação 4.2

$$\Delta G = RT \ln k$$

Equação 4.3

$$\Delta E_{célula} = \frac{RT}{nF} \ln k \quad \therefore \quad E_{célula} = E°_{célula} \frac{RT}{nF} \ln k$$

Se forem aplicado o logaritmo e substituídos os valores constantes R, T, F, obtém-se a Equação 4.4:

Equação 4.4

$$E_{célula} = E°_{célula} \frac{0,0592}{n} \log k$$

Nessas equações:
ΔG = variação da energia livre;
ΔE = variação do potencial da célula;
$E_{célula}$ = potencial da célula;
$E°_{célula}$ = potencial padrão da célula;

R = constante dos gases (8,316 J · Mol^{-1} · K^{-1});
T = temperatura (Kelvin);
Ln = logaritmo na base *e*;
K = relação de concentração de reagentes e produtos;
F = constante de Faraday (96.485 coulombs).

A equação de Nernst recebeu esse nome por causa do físico-químico alemão Walther Nernst (1854-1941), que a descreveu e a aplicou na eletroquímica. Essa equação tem amplo emprego na química eletroanalítica.

Todas as células eletroquímicas têm eletrodos. Assim, o **potencial de eletrodo** é definido como o potencial de uma célula eletroquímica que contém como ânodo um eletrodo de referência cuidadosamente definido. De acordo com Gentil (1996), o potencial de eletrodo mostra a tendência de uma reação passar no eletrodo, isto é, a facilidade com que os átomos do eletrodo metálico perdem elétrons ou a facilidade com que os íons recebem elétrons.

Para a medida do potencial de eletrodo de cada metal. deve-se utilizar, como referência, o eletrodo-padrão de hidrogênio, que é utilizado em estudos de eletroquímica e como indicador de pH. Ele é o eletrodo de referência universal por ter medida hipotética de 0,00 V e faz referência ao potencial do outro eletrodo a ser medido, como é representado na Figura 4.2.

Figura 4.2 – Medição do potencial de um eletrodo com base no eletrodo-padrão de hidrogênio

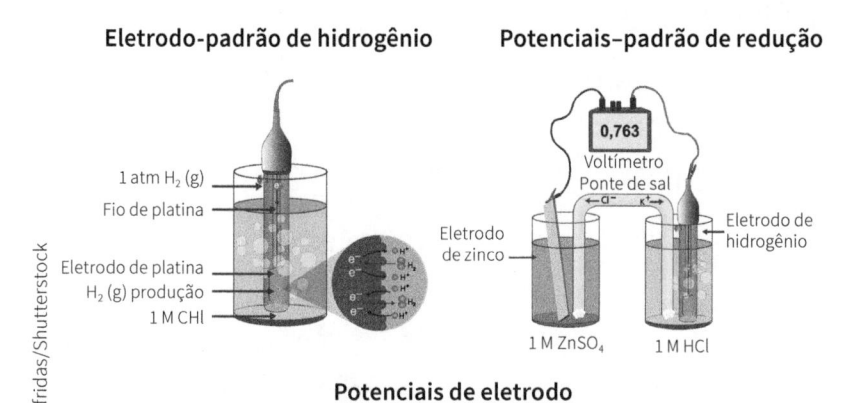

Eletrodo-padrão de hidrogênio

1 atm H_2 (g)
Fio de platina
Eletrodo de platina
H_2 (g) produção
1 M CHl

Potenciais-padrão de redução

0,763
Voltímetro
Ponte de sal
Eletrodo de zinco
Eletrodo de hidrogênio
1 M $ZnSO_4$
1 M HCl

Potenciais de eletrodo

Em resposta às medições com o eletrodo-padrão de hidrogênio, pode-se obter os dados contidos na Tabela 4.1, que apresenta os potenciais de redução e de oxidação dos metais.

Tabela 4.1 – Potenciais dos eletrodos

Potenciais de oxidação (E°ox, sinal +) e potenciais de redução (E°red, sinal –), em volt.	Reações eletroquímicas em metais
±3,04	$\pm Li^+ + 1e^- \leftrightarrow Li°$
±2,87	$Ca^{2+} + 2e^- \leftrightarrow Ca°$
±2,71	$Na^+ + 1e^- \leftrightarrow Na°$
±2,36	$Mg^{2+} + 2e^- \leftrightarrow Mg°$
±1,66	$Al^{3+} + 3e^- \leftrightarrow Al°$
±0,76	$Zn^{2+} + 2e^- \leftrightarrow Zn°$
±0,44	$Fe^{2+} + 2e^- \leftrightarrow Fe°$

(Continua)

(Tabela 4.1 – Conclusão)

Potenciais de oxidação (E°ox, sinal +) e potenciais de redução (E°red, sinal −), em volt.	Reações eletroquímicas em metais
±0,28	$Co^{2+} + 2e^- \leftrightarrow Co°$
±0,25	$Ni^{2+} + 2e^- \leftrightarrow Ni°$
±0,14	$Sn^{2+} + 2e^- \leftrightarrow Sn°$
±0,13	$Pb^{2+} + 2e^- \leftrightarrow Pb°$
±0,00	$2H^+ + 2e^- \leftrightarrow H_2$
±0,34	$Cu^{2+} + 2e^- \leftrightarrow Cu°$
±0,80	$Ag^+ + 1e^- \leftrightarrow Ag°$
±0,85	$Hg^{2+} + 2e^- \leftrightarrow Hg°$
±1,07	$Br^{2+} + 2e^- \leftrightarrow 2Br^-$
±1,36	$Cl^{2+} + 2e^- \leftrightarrow 2Cl^-$
±1,50	$Au^{3+} + 3e^- \leftrightarrow Au°$
±2,87	$F^{2+} + 2e^- \leftrightarrow 2F^-$

Fonte: Elaborado com base em Gentil, 1996.

Os potenciais de oxidação aumentam o cárater redutor do elemento flúor para o elemento lítio. Já os potenciais de redução aumentam o cárater oxidante do lítio para o flúor.

Exercício resolvido

1. Calcule o potencial de um eletrodo de platina imerso em solução em que: 0,0150 M em KBr e $1,00 \cdot 10^{-3}$ M em Br_2. Nesse caso, a semirreação usada no exemplo precedente não se aplica, porque a solução não está mais saturada em Br_2. Considere a seguinte equação da reação eletroquímica: $Br^{2+} + 2e^- \leftrightarrow 2Br^-$.

Resposta

Pode-se considerar o valor do potencial padrão do Br_2 na Tabela 4.1 e utilizar a equação de Nernst (Equação 4.4).

Potencial padrão para o Br:

$$Br^{2+} + 2e^- \leftrightarrow 2Br^-$$

$$E°_{Br} = \pm 1{,}07\ V$$

$$E_{célula} = E°_{célula} \frac{0{,}0592}{n} \log k$$

$$E_{célula} = 1{,}07 \cdot \frac{0{,}0592}{2} \log \frac{[Br^-]^2}{[Br^{2-}]}$$

$$E_{célula} = 1{,}07 \cdot \frac{0{,}0592}{2} \log \frac{[1{,}50 \cdot 10^{-2}]^2}{[1{,}00 \cdot 10^{-3}]}$$

$$E_{célula} = 1{,}106\ V$$

4.2 Tipos de métodos eletroanalíticos

Existe uma gama de métodos eletroanalíticos, os quais são divididos em duas classes:

1. **Métodos interfaciais** – Estão baseados em fenômenos que ocorrem entre a interseção das superfícies dos eletrodos e a solução. Podem ser classificados em: estáticos, que envolvem medidas potenciométricas; e dinâmicos (cujo parâmetro principal é a corrente em células eletroquímicas),

os quais se baseiam em potencial controlado (coulometria, voltametria, titulações amperométricas, eletrogravimetria) e em corrente constante (titulações coulométricas, eletrogravimetria).

2. **Métodos de solução** – Estão baseados em fenômenos que ocorrem no interior da solução, evitando os efeitos interfaciais. Dois tipos merecem destaque: (I) a condutimetria e (II) as titulações condutimétricas.

Para uma melhor compreensão das técnicas eletroanalíticas mais usuais, a Figura 4.3 apresenta um resumo delas.

Figura 4.3 – Tipos comuns de métodos eletroanalíticos

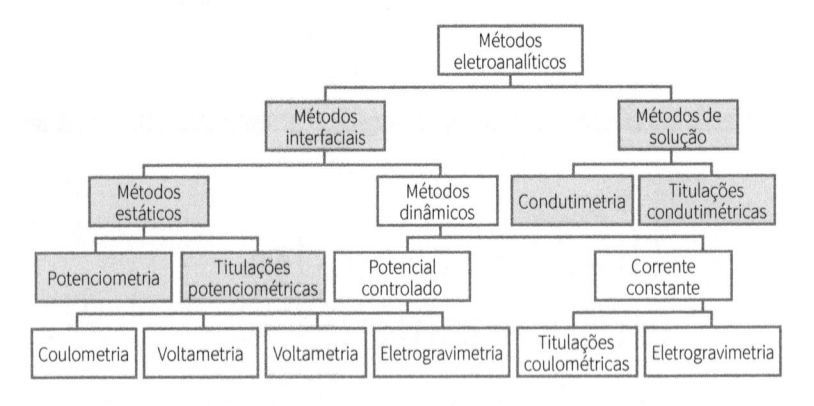

```
                          Métodos
                       eletroanalíticos
                    ┌────────┴────────┐
                Métodos            Métodos de
              interfaciais          solução
           ┌──────┴──────┐        ┌────┴─────┐
       Métodos        Métodos   Condutimetria  Titulações
       estáticos     dinâmicos                condutimétricas
     ┌────┴────┐         │                   ┌──────┴──────┐
Potenciometria Titulações  Potencial         Corrente
              potenciométricas controlado    constante
  ┌──────┬──────┬──────────┐              ┌──────┬──────────┐
Coulometria Voltametria Voltametria Eletrogravimetria  Titulações  Eletrogravimetria
                                                      coulométricas
```

4.2.1 Potenciometria

A potenciometria é uma técnica de análise química que se baseia na força eletromotriz de uma célula galvânica composta por dois eletrodos: um de referência e outro indicador. A técnica visa determinar a concentração de uma solução por meio da medida de seu potencial sob condições de equilíbrio, isto é, com corrente elétrica desprezível.

O potencial do eletrodo indicador varia com a concentração da espécie interessada, ao passo que o eletrodo de referência apresenta potencial fixo.

Segundo Rosa, Gauto e Gonçalves (2013, p. 104), os eletrodos são assim definidos:

> Eletrodo indicador: este eletrodo é sensível à variação da concentração da espécie interessada (amostra) que, por sua vez, influencia o potencial.
> Eletrodo de referência: é um eletrodo com potencial fixo e constante durante o trabalho; este potencial não varia com a concentração da espécie química a ser determinada.

De acordo com Skoog et al. (2006), uma célula clássica para análise potenciométrica apresenta, além dos eletrodos de referência e indicador, um terceiro componente: uma ponte salina, que pode ser representada pelo diagrama a seguir.

Figura 4.4 – Célula clássica para análise potenciométrica

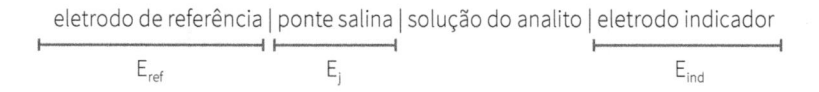

eletrodo de referência	ponte salina	solução do analito	eletrodo indicador
E_{ref}	E_j		E_{ind}

Fonte: Skoog et al., 2006, p. 554.

A ponte salina tem a função de prevenir os componentes da solução contra o analito, já que podem se misturar com aqueles do eletrodo de referência. Um potencial se desenvolve por meio das junções líquidas em cada extremidade da ponte salina. A solução de cloreto de potássio é mais utilizada, em razão de os íons K^+ e o íon Cl^- apresentarem mobilidade quase idêntica. Consequentemente, o potencial líquido desenvolvido pela ponte salina (Ej) é reduzido a alguns milivolts. A equação pode ser representada por:

$$E_{cel} = E_{ind} - E_{ref} + Ej$$

Nas análises químicas, geralmente o potencial de junção líquida é suficientemente pequeno para ser desprezado:

Equação 4.5

$$E_{cel} = E_{ind} - E_{ref}$$

A potenciometria compreende a potenciometria direta, que determina diretamente a concentração de uma amostra por meio da medida do potencial de um eletrodo íon-seletivo; e a titulação potenciométrica, que utiliza o valor do potencial medido de uma célula para detectar o ponto final de titulações.

4.2.2 Instrumentos para medição do potencial por método de potenciometria

O mercado fornece vários tipos de medidores de potencial, que são denominados *pHmetros* – dos mais simples, como os portáteis, até os mais sofisticados, que são os de bancada.

O método potenciométrico de análise química utiliza equipamentos simples e relativamente baratos. A instrumentação é formada por um pHmetro para fazer a medição e a leitura do potencial, que se acopla ao eletrodo de íon seletivo, o qual deve ser sensível ao íon em análise e a uma bureta, como demonstra a Figura 4.5.

Figura 4.5 – Titulação potenciométrica

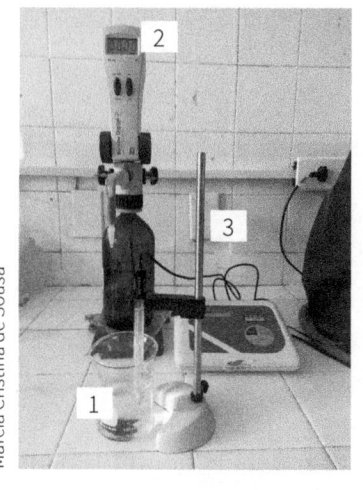

Notas:
1) Eletrodo de íon seletivo;
2) Bureta;
3) Equipamento pHmetro.

Marcia Cristina de Sousa

Trata-se de um método que dispensa o uso de indicadores químicos, que podem, em alguns casos, não apresentar alteração de cor detectável. É um método confiável e bastante utilizado na química quantitativa.

4.2.3 Eletrogravimetria

A eletrogravimetria e a coulometria são métodos eletroanalíticos que utilizam a eletrólise para que ocorra sua conversão, ou seja, é necessária a aplicação de uma corrente elétrica para provocar uma reação química.

A eletrólise é conceituada como uma reação química que ocorre nos eletrodos durante a condução eletrolítica. Ela é realizada por uma fonte externa e imprime no sistema um potencial e considera três parâmetros que podem ser controlados:

1. o potencial da célula mantido constante;
2. a corrente de eletrólise constante;
3. o potencial do eletrodo de trabalho constante.

O potencial da célula mantido constante – ou próximo da constância – é o mais usual nas medidas das técnicas eletroanalíticas.

Como demonstra a Figura 4.6, trata-se de um sistema de modelo de eletrólise por meio do qual, a partir de eletrodos (ânodo e cátodo), do eletrolito e da aplicação de um potencial (medido em volts), ocorrem reações químicas na interface eletrodo-eletrólito.

Figura 4.6 – Modelo de eletrólise

Cátodo

Cátion

Ânodo

Ânion

Bateria

Solução eletrolítica

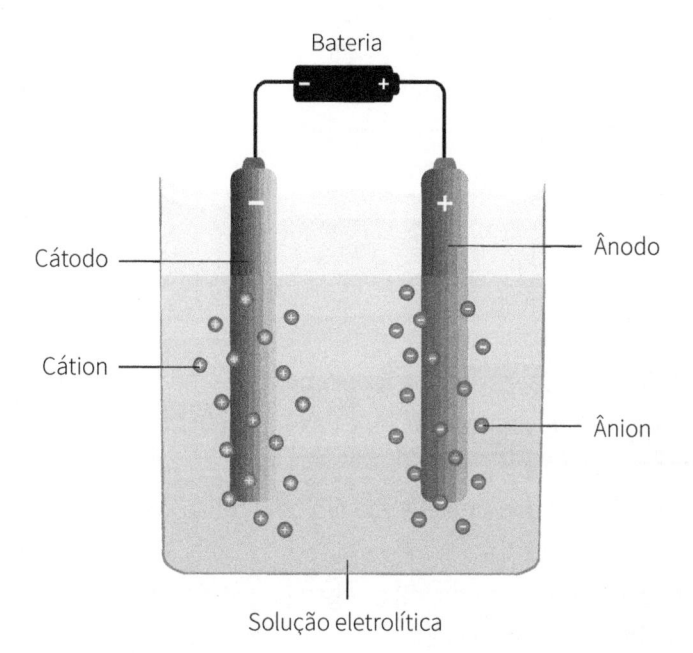

Por utilizar corrente elétrica em seus procedimentos, a leitura do potencial de célula não é mais, simplesmente, a diferença de potencial dos eletrodos envolvidos, uma vez que a corrente líquida provoca efeitos específicos, denominados *queda IR* e *polarização*. Esses fenômenos provocam uma leitura menor nos valores de potências do que aqueles previstos se fossem calculados diretamente pela equação de Nernst (Equação 4.4).

Característica de queda IR

Ao aplicar uma corrente elétrica em um condutor metálico, ele irá resistir à passagem da corrente. Esse fenômeno é quantificado pela Lei de Ohm, conforme a Equação 4.6.

Equação 4.6

$$E = I \cdot R$$
$$I = \frac{E}{R}$$

O produto da resistência **R** de uma célula medida em ohms (Ω) pela corrente **I** em ampères (A) é chamado *potencial ôhmico* ou **queda IR** da célula.

Ao utilizar a corrente elétrica em uma célula, a equação do potencial é reescrita, conforme mostra a Equação 4.7, aplicando um potencial IR que seja mais negativo que o potencial termodinâmico da célula:

$$E_{célula} = E_{dir.} - E_{esq.}$$

Equação 4.7

$$E_{aplicado} = E_{célula} - IR$$

Segundo Skoog et al. (2006, p. 598, grifo do original):

> Normalmente tentamos minimizar a queda *IR* empregando uma célula com resistência muito pequena (força iônica elevada), ou pelo uso de uma **célula de três eletrodos** especial [...], na qual a corrente passa entre o eletrodo de trabalho e um **eletrodo auxiliar**, ou **contraeletrodo**. Com esse arranjo, apenas uma corrente muito pequena passará entre o eletrodo de trabalho e o eletrodo de referência, o que minimiza a queda *IR*.

Polarização

A polarização é o desvio do potencial do eletrodo de seu valor teórico, previsto pela equação de Nernst, sob a passagem de corrente. As células que obedecem à equação de Nernst apresentam uma linearidade entre corrente/voltagem. Já as células com aplicação de uma corrente elétrica apresentam comportamentos não lineares: sob correntes elevadas, exibem o desvio de polarização. O grau de polarização é dado por uma sobrevoltagem, ou sobrepotencial, o qual é simbolizado por Π e pode ser visto graficamente, pois representa a diferença de potencial entre a curva teórica e a experimental.

Para uma célula eletrolítica afetada pela sobrevoltagem aplicada, é adotada a seguinte equação:

Equação 4.8

$$E_{aplicado} = E_{célula} - IR - \Pi$$

Os fenômenos de polarização são divididos em duas categorias:

1. **Polarização de concentração** – É aquela que ocorre em razão da velocidade finita de transferência de massa (movimento de material, por exemplo, o movimento de íons de um lugar para outro) da solução para a superfície do eletrodo. O transporte do material para a superfície de um eletrodo pode ser realizado por três mecanismos: difusão, migração e convecção.
2. **Polarização cinética** – É aquela limitada pela velocidade de uma ou das duas reações do eletrodo, isto é, a velocidade de transferência de elétrons entre os reagentes e o eletrodo.

Na cinética, a polarização é controlada pela transferência de elétrons, e não por transferência de massa, como é aplicada na concentração. Para equilibrar a polarização cinética, um potencial adicional, ou sobrevoltagem, é requerido para superar a energia de ativação da semirreação.

De acordo com Skoog et al. (2006, p. 603):

A polarização cinética é mais pronunciada para os processos de eletrodo que geram produtos gasosos, porque a cinética de processos de evolução de gases é complexa e frequentemente lenta. A polarização cinética pode ser desprezível para as reações que envolvam a deposição de metais tais como Cu, Ag, Zn, Cd e Hg. Também pode ser significativa, entretanto, para as reações envolvendo metais de transição, como Fe, Cr, Ni e Co.

4.2.4 Coulometria

Trata-se da reação eletródica com a formação de um produto, sólido ou não, que será quantificado pela medida da corrente elétrica consumida em determinado tempo-carga. Os métodos coulométricos são realizados por meio da medida da quantidade de carga elétrica requerida para converter uma amostra de um analito, quantitativamente, a um diferente estado de oxidação. Os métodos coulométricos apresentam seletividade, rapidez, precisão e exatidão e não requerem calibração, sendo facilmente automatizados (Skoog et al., 2006).

Na coulometria, mede-se a quantidade de eletricidade requerida (Q) para reduzir ou oxidar em uma célula eletrolítica. A carga (Q) resulta de uma corrente constante (I) em ampère operada por um tempo (t) em segundos, como na equação a seguir:

Equação 4.9

$Q = I \cdot t$

Já para uma corrente variável, a carga é quantificada por uma integral:

Equação 4.10

$Q = \int_0^t i\,dt$

Por meio dos dados da carga elétrica (Q), ou, ainda, pelo tempo de reação e pela corrente envolvidos na transformação, é possível aplicar a lei de Faraday, obtendo assim o número exato da quantidade de matéria do analito. A lei de Faraday relaciona o número de mols de analito nA com a carga:

Equação 4.11

$\eta A = \dfrac{Q}{nF}$

O faraday corresponde a 1 mol de elétrons (ou $6{,}022 \cdot 10^{23}$ elétrons). Uma vez que cada elétron tem uma carga de $1{,}6022 \cdot 10^{-19}$ C, o faraday é igual a 96,485 C. *Coulomb* (C) é a quantidade de carga elétrica transportada por uma corrente de 1 ampère durante 1 segundo.

Conhecendo o analito, torna-se simples a determinação da massa com base na quantidade de matéria, como demonstrado no exercício resolvido a seguir.

Exercício resolvido

2. Uma corrente constante de 0,6 A foi empregada para depositar cobre no cátodo e oxigênio no ânodo de uma célula eletrolítica. Calcule a massa de cada produto formada após 10 minutos.

As 2 semirreações:

$Cu^{2+} + 2e \rightarrow Cu(s)$

$2H_2O \rightarrow 4e^- + O_2(g) + 4H^+$

Resposta

Utilizando a Equação 4.9 ($Q = I \cdot t$), temos:

$Q = 0,6 A \cdot 10 \text{ min} \cdot 60 \text{ s/min} = 360 A \cdot S = 360 C$

A massa do cobre é obtida pela lei de Faraday, Equação 4.11:

$$\eta A = \frac{Q}{nF}$$

$\eta Cu = 360 \text{ C}/2(\text{mol e}^-/\text{molCu}) \cdot 96485 \text{ C/mol} = 1,865 \cdot 10^{-3} \text{ mol}$

$m = \eta \cdot PM = 1,865 \cdot 10^{-3} \text{ mol} \cdot 63,5 \text{ g/mol} = 0,118 \text{ g}$

A massa do oxigênio também é obtida pela lei de Faraday:

Equação 4.11

$$\eta O_2 = \frac{Q}{nF}$$

$\eta O_2 = 360 \text{ C}/4(\text{mol e}^-/\text{molO}_2) \cdot 96485 \text{ C/mol} = 9,327 \cdot 10^{-4} \text{ mol}$

$m = \eta \cdot PM = 9,327 \cdot 10^{-4} \text{ mol} \cdot 32 \text{ g/mol} = 0,029 \text{ g}$

Com base na medida da quantidade de carga, dois métodos foram desenvolvidos:

1. **Coulometria a potencial controlado, denominada** *potenciostático* – O potencial do eletrodo de trabalho é mantido constante ao longo de toda a eletrólise, ocorrendo, consequentemente, um decréscimo da corrente, conforme o analito é envolvido da solução. Evitam-se, assim, reações paralelas e indesejáveis. A carga (em coulombs) é obtida pela integração da curva corrente/tempo, conforme a Equação 4.10.
2. **Coulometria a corrente controlada, denominada** *titulação coulométrica* – Uma corrente fixa é aplicada ao longo de todo o experimento, ocasionando uma variação no potencial. A desvantagem desse método é que, em amostras complexas, o potencial de oxidação ou de redução de outras espécies pode ser atingido, levando, então, a erros. Sua vantagem é o cálculo da corrente, que é simples, como demonstra a Equação 4.9.

De acordo com Skoog et al. (2006, p. 613):

> Os métodos potenciostáticos são realizados de maneira bastante semelhante aos métodos gravimétricos de potencial controlado, com o potencial do eletrodo de trabalho sendo mantido a um valor constante, em relação ao eletrodo de referência, durante a eletrólise. Na coulometria de potencial controlado, contudo, a corrente de eletrólise é registrada como uma função do tempo.

Para saber mais

RAMOS, L. A.; CASSIANO, N. M.; CAPELATO, M. D. Utilização de um eletrodo de grafite recoberto com PbO2 incorporado em matriz de PVC como eletrodo indicador em titulações coulométricas. **Eclética Química**, São Paulo, v. 29, n. 2, p. 65-72, 2004. Disponível em: <https://www.scielo.br/pdf/eq/v29n2/22722.pdf>. Acesso em: 13 out. 2021.

O artigo demonstra o estudo realizado com um eletrodo de grafite recoberto com PbO_2 incorporado em uma matriz de PVC, que é de fácil construção, baixo custo e tempo de vida útil relativamente longo, podendo ser utilizado como sensor em titulações coulométricas de ácidos com boa reprodutibilidade.

Para utilizar os métodos coulométricos, é imprescindível que a reação ocorra em uma etapa que permita que a eficiência da corrente seja igual a 100%. Dito de outra forma, cada faraday de eletricidade precisa promover uma transformação química no analito equivalente a um mol de elétrons.

A coulometria a potencial controlado é aplicada em vários segmentos da ciência. O método encontrou utilidade no campo da energia nuclear, nas determinações relativamente livres de interferência de urânio e plutônio. É empregada na determinação de mais de 55 elementos em compostos inorgânicos, assim como em sínteses de compostos orgânicos (Skoog et al., 2006).

Curiosidade

A coulometria com corrente constante ou titulação coulométrica é realizada com uma fonte de corrente constante. Ela utiliza um equipamento denominado *galvanostato*, que percebe diminuições na corrente de uma célula e responde por meio do aumento do potencial aplicado à célula até que a corrente seja restabelecida a seu valor inicial.

As titulações coulométricas envolvem as reações de neutralização, precipitação, complexação e oxirredução. Assim, para uma titulação de ácido-base, temos:

- Ácidos fracos e fortes podem ser titulados com alto grau de precisão, usando íons hidróxidos gerados em um cátodo pela reação:

$2 H_2O + 2e^- \leftrightarrow 2OH^- + H_2(g)$

- As titulações coulométricas de bases fortes e fracas podem ser realizadas com íons hidrogênio gerados em um ânodo de platina:

$H_2O \leftrightarrow 1/2O_2(g) + 2H^+ + 2e^-$

- As titulações coulométricas oferecem diversas vantagens significativas quando comparadas aos procedimentos volumétricos.

Segundo Skoog et al. (2006, p. 618):

As titulações coulométricas oferecem diversas vantagens significativas quando comparadas com os procedimentos volumétricos. A principal, entre outras, é a eliminação de problemas associados com a preparação, padronização e armazenamento das soluções padrão. [...] Os métodos coulométricos também são vantajosos quando pequenas quantidades de amostra precisam ser tituladas porque diminutas quantidades de reagentes são geradas de maneira fácil e exata pela escolha apropriada da corrente. Nas titulações convencionais, é difícil e normalmente pouco exato empregar soluções muito diluídas e pequenos volumes. Uma vantagem adicional dos procedimentos coulométricos é que uma única fonte de corrente constante fornece reagentes para as titulações de precipitação, formação de complexos, neutralização e de oxidação-redução.

4.2.5 Voltametria

Os métodos eletroanalíticos fornecem informação por meio de medidas de corrente em função de um potencial aplicado, que estimula a polarização de um eletrodo indicador ou de trabalho. Essa técnica abrange estudos fundamentais de processos de redução e de oxidação em vários meios, processos de adsorção em superfícies e, ainda, mecanismos de transferência de elétrons em superfície de eletrodos quimicamente modificados (Skoog; Holler; Nieman, 2002).

O instrumento que fornece a medida do potencial aplicando uma corrente, polarizando a amostra e obtendo as reações de oxirredução na interface eletrodo-eletrólito é o potenciostato. A Figura 4.7 mostra uma bancada experimental utilizada para técnicas eletroanalíticas de voltametria.

Figura 4.7 – Sistema para análises de eletroquímica (I)

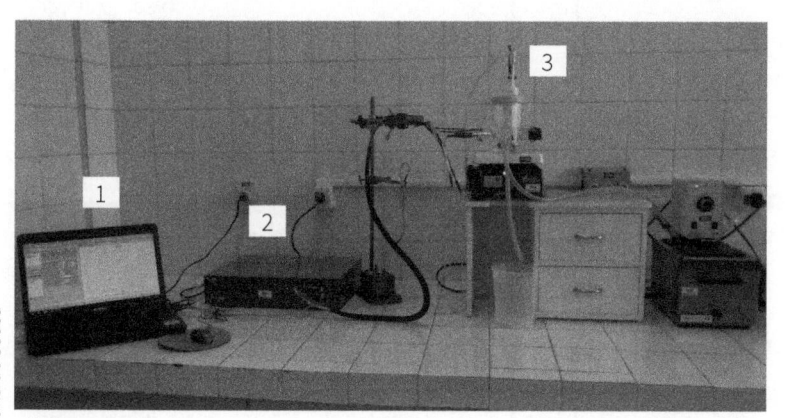

Notas:
1) Computador: transdutor do potenciostato;
2) Potenciostato;
3) Célula eletroquímica.

Os sinais dos potenciais captados pelo potenciostato são ilustrados no Quadro 4.1, que apresenta algumas análises relacionadas à voltametria.

Quadro 4.1 – Sinais de potenciais para voltametria

Nome	Forma da onda	Tipo de voltametria
(a) Varredura linear	*rampa linear de E vs. Tempo*	Polarografia Voltametria de varredura linear
(b) Pulso diferencial	*pulsos sobre rampa crescente de E vs. Tempo*	Polarografia de pulso diferencial
(c) Onda quadrada	*onda quadrada sobre escada de E vs. Tempo*	Voltametria de onda quadrada
(d) Triangular	*sinal triangular de E vs. Tempo*	Voltametria cíclica

Fonte: Skoog; Holler; Nieman, 2002, p. 568.

Para saber mais

ALEIXO, L. M. Voltametria: conceitos e técnicas. **ChemKeys**, Campinas, n. 3, p. 1-21, mar. 2003. Disponível em: <https://econtents.bc.unicamp.br/inpec/index.php/chemkeys/article/view/9609/5030>. Acesso em: 14 out. 2021.

O artigo aborda um levantamento teórico de todos os tipos de voltametrias, incluindo desde os aspectos básicos até as aplicações em análise de traços.

4.3 Equipamentos: eletrodos de medição de potencial

Os eletrodos utilizados na potenciometria pertencem às categorias dos eletrodos de referência, metálicos e de membrana.

4.3.1 Eletrodos de referência

Em razão de o eletrodo apresentar um potencial conhecido, ele não deve variar no decorrer na medição. Para medir um potencial de determinado eletrodo, usa-se um eletrodo-padrão de hidrogênio (EPH). Na prática, essa medição é complexa, o que faz com que, raramente, o EPH seja de fato utilizado. Aplicam-se, em seu lugar, os eletrodos de referências secundários (ERS), cujos potenciais são obtidos em relação ao potencial do eletrodo primário, o EPH.

No comércio, são disponibilizados os eletrodos de referência de calomelano e os de prata/cloreto de prata. A Tabela 4.2 apresenta os tipos de eletrodos referência mais comuns.

Tabela 4.2 – Potenciais dos eletrodos de referência

Potenciais Formais de Eletrodo para Eletrodos de Referência em Função da Composição e Temperatura					
Potencial vs. EPH, V					
Temperatura, °C	Calomelano 0,1 mol L^{-1}	Calomelano 3,5 mol L^{-1}	Calomelano Saturado	Ag/AgCl 3,5 mol L^{-1}	Ag/AgCl Saturado
[...]					
20	0,3359	0,252	0,2479	0,208	0,204
25	0,3356	0,250	0,2444	0,205	0,199
30	0,3351	0,248	0,2411	0,201	0,194
35	0,3344	0,246	0,2376	0,197	0,189

Fonte: Skoog et al., 2006, p. 556.

> O eletrodo de calomelano saturado (ECS) é representado pela fórmula química:
>
> Hg/Hg_2Cl_2(saturado), $KCl(xmol \cdot L^{-1})$//

De acordo com Wolynec (2003), o eletrodo de calomelano é constituído de mercúrio e coberto por uma pasta de Hg_2Cl_2, imerso em um eletrólito contendo íons cloreto, normalmente KCl, como demonstrado na Figura 4.8.

Figura 4.8 – Eletrodo de calomelano

Em meio salino concentrado, existem as seguintes conexões:

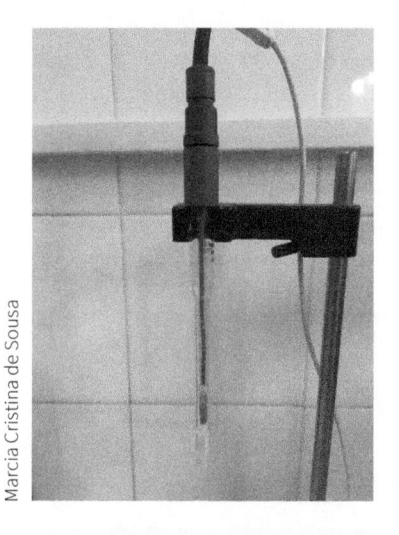

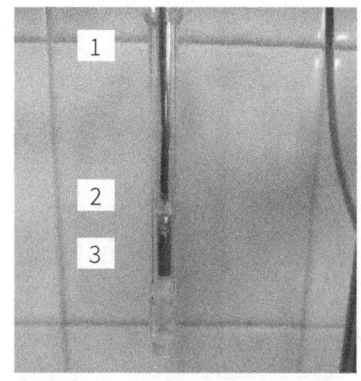

Notas:
1) Fio de platina com Hg_2Cl_2 revestido;
2) Mercúrio;
3) Cerâmica porosa.

As vantagens dos eletrodos de referência de calomelano estão relacionadas à fácil preparação e ao potencial constante desses componentes. Já entre suas desvantagens estão o coeficiente de temperatura elevado, as mudanças de temperatura e a estabilidade do potencial, que é muito lenta.

> O eletrodo de prata/cloreto de prata é representado pela seguinte fórmula química:
>
> Ag/AgCl(saturado), KCl(saturado)//

De acordo com Wolynec (2003), trata-se de um eletrodo de prata revestido com cloreto de prata (AgCl). Esse eletrodo pode dispensar a ponte salina, desde que existam, pelo menos, traços de íons cloretos na solução. Ele pode ser empregado em temperaturas superiores a 60 °C, o que não é possível com o ECS.

Outra vantagem é a possibilidade de utilização de um eletrodo de dimensões reduzidas, ou seja, um fio de prata para sua confecção. Sua desvantagem é que ele reage com um número maior de componentes do que o ECS (Wolynec, 2003).

Na Figura 4.9 aparecem um eletrodo Ag/AgCl e uma ampliação de suas partes.

Figura 4.9 – Eletrodo de Ag/AgCl

Em meio salino concentrado, há as seguintes conexões:

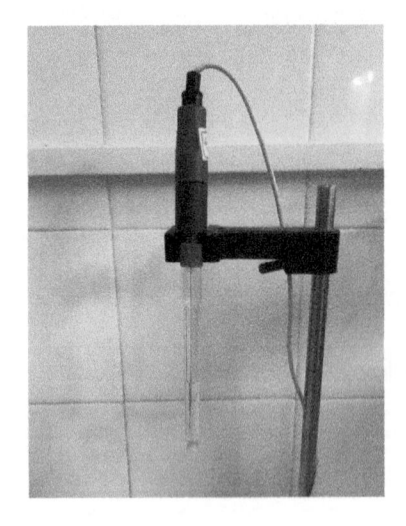

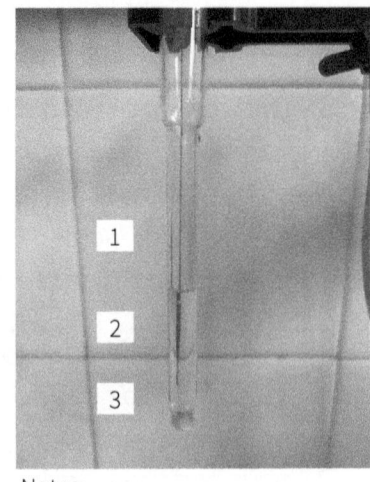

Notas:
1) Fio de prata;
2) Fio de prata revestido com AgCl;
3) Cerâmica porosa.

Para saber mais

CLIMENT-LLORCA, M. A.; VIQUEIRA-PÉREZ, E.; LÓPEZ-ATALAIA, M. M. Embeddable Ag/AgCl Sensors for in-situ Monitoring Chloride Contents in Concrete. **Cement and Concrete Research**, v. 26, n. 8, p. 1157-1161, Aug. 1996. Disponível em: <https://www.sciencedirect.com/science/article/abs/pii/0008884696001044?via%3Dihub>. Acesso em: 14 out. 2021.

O artigo relata como preparar um eletrodo de referência configurado por um fio revestido com prata/cloreto de prata (Ag/AgCl) para fazer a anodização, devendo ser aplicada uma densidade de corrente de 0,4 mA/cm^2. No cátodo, é conectada uma chapa de aço inoxidável, e, no ânodo, o fio de prata imerso em uma solução de 0,1 M HCl.

Outro eletrodo utilizado no ambiente laboratorial é o **eletrodo de cobre/sulfato de cobre**, que consiste em uma barra de cobre eletrolítico imersa em solução saturada de sulfato de cobre. É bastante utilizado para medir potencial em materiais de estrutura enterrada. Como exemplo, a Figura 4.10 mostra a determinação do potencial de uma barra de ferro de uma estrutura de concreto armado.

Figura 4.10 – Eletrodo de referência de cobre/sulfato de cobre em concreto armado

Eletrodo de referência de cobre/sulfato de cobre

Concreto armado

Macia Cristina de Sousa

O eletrodo de referência ideal é aquele que obedece à equação de Nernst, sendo que o potencial do eletrodo (metal/íon metálico) também poderá ser determinado utilizando-se a equação de Nernst e os coeficientes de atividade do metal e de seu íon dissolvido em solução, como demonstrado na Equação 4.11.

Equação 4.12

$$\varepsilon = \varepsilon^0 - \left(\frac{RT}{zF}\right) \cdot \ln\left(\frac{a_M}{a_M^{z+}}\right)$$

Em que:

a_M = atividade do metal, que é igual a 1;

a_M^{z+} = atividade do íon metálico em solução.

O eletrodo pode ser reversível no ponto em que a reação eletroquímica ocorre em sua interface – o que pode acontecer nos dois sentidos, como apresenta a Equação 4.13. A seguir, a leitura da reação do íon metálico, que se oxida doando um elétron e ficando em seu estado estável, pode ainda retornar a seu estado inicial, sofrendo uma redução.

Equação 4.13

$$M + z + ze^- \leftrightarrow M$$

Podemos destacar as seguintes características de um eletrodo reversível:

- Exibe potencial constante com o tempo.
- Retorna a seu potencial original após ser submetido a pequenas correntes.
- Exibe baixa histerese com variações de temperatura.

4.3.2 Eletrodos indicadores (metálicos e de membrana)

Os eletrodos indicadores metálicos são classificados como *eletrodos do primeiro tipo*, *eletrodos do segundo tipo* ou *eletrodos redox inertes* (Skoog et al., 2006).

Um eletrodo do primeiro tipo é aquele de metal puro, que está em equilíbrio direto com seu cátion em solução. Uma única reação está envolvida. Como exemplo, o equilíbrio entre um metal X e seu cátion Xn+ é apresentada a seguir.

> Reação de oxirredução do cobre:
>
> $Cu_2^+ + 2e^- \rightarrow Cu$ $E = EoCu - 0,0592/2 \log 1/[Cu_2^+]$

Eletrodos do segundo tipo não servem apenas como eletrodos indicadores para seus próprios cátions, mas também respondem às atividades de ânions, que foram precipitados pouco solúveis ou complexos estáveis com tais cátions.
O potencial de um eletrodo de prata, por exemplo, se relaciona de forma reprodutível com a atividade do íon cloreto em uma solução saturada de cloreto de prata (Skoog et al., 2006).

A reação do eletrodo pode ser escrita da seguinte forma:

> $AgCl(s) + e^- \rightarrow Ag + Cl^-$ $E = Eo - 0,0592 \log[Cl^-]$

Os eletrodos inertes são aqueles que não reagem no processo. O grafite, o ouro, o paládio e a platina são tipos de eletrodos utilizados para um sistema redox.

Os eletrodos de membrana são amplamente utilizados no laboratório de química. O mais conhecido é o de medir o pH, apresentado na Figura 4.11.

Figura 4.11 – Eletrodo para medidas de pH

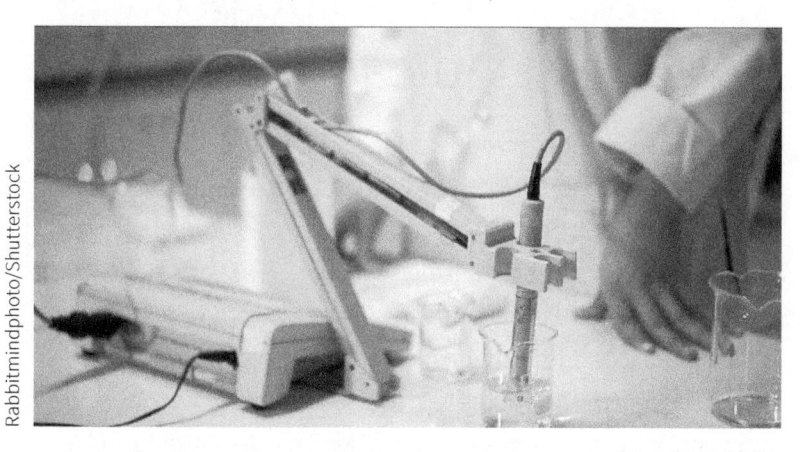

Sua configuração mais comum é descrita por Skoog et al. (2006, p. 562):

> Nesse arranjo, o eletrodo de vidro e seu eletrodo de referência interno de Ag/AgCl são posicionados no centro de uma sonda cilíndrica. Ao redor do eletrodo de vidro fica o eletrodo de referência externo, que mais frequentemente é do tipo Ag/AgCl. […] A membrana de vidro sensível ao pH é colocada na ponta da sonda. Essas sondas são fabricadas em inúmeras formas físicas e tamanhos diferentes (5 cm a 5 μm) para servir a uma ampla faixa de aplicações laboratoriais e industriais.

4.4 Determinação do pH de um indicador

Vários métodos podem ser aplicados para detectar o ponto final de uma titulação potenciométrica. O mais simples e utilizado envolve um gráfico direto do potencial em função do volume de reagente. Nesse caso, estima-se, visualmente, o ponto de inflexão na porção mais vertical da curva e considera-o como o ponto final. No Gráfico 4.1, é ilustrado o comportamento de uma curva de potenciometria na qual se tem a relação do pH (potencial hidrogeniônico) pelo grau de titulação (volume do reagente titulado).

Gráfico 4.1 – Curva modelo de técnica eletroanalítica de potenciometria

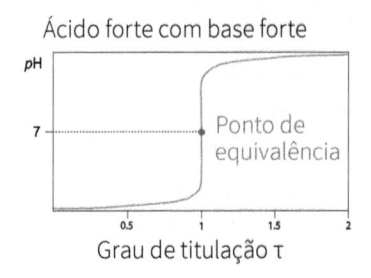

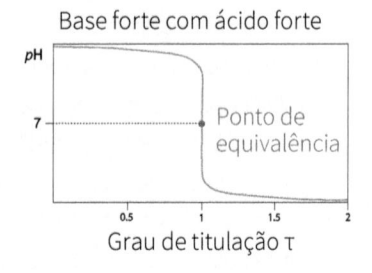

Ácido forte com base forte / Base forte com ácido forte

Ponto de equivalência

Grau de titulação τ

magnetix/Shutterstock

Exercício resolvido

3. Plote o gráfico da titulação potenciométrica de uma reação de neutralização de NaOH (0,1 mol/L) com HCl 1 mol/L. Calcule o ponto de inflexão (mL), isto é, o ponto final, usando a derivada de primeira ordem.

Os dados da Tabela A, a seguir, fornecem o volume gasto de NaOH na titulação e o valor de pH visualizado no pHmetro.

Tabela A – Dados da titulação e da medição do pH

Volume de NaOH	pH	Volume de NaOH	pH
0	1,84	14	6,5
1	1,88	15	10
2	2,1	16	11,2
3	2,4	17	11,5
4	2,6	18	11,6
5	2,8	19	11,7
6	2,9	20	12
7	3,1	21	12,2
8	3,4		
9	3,6		

Resposta

Utilizando um editor de planilhas e aplicando os valores da titulação fornecidos pela Tabela A, aplica-se o gráfico de dispersão, que apresenta a curva característica da titulação potenciométrica de uma reação de neutralização.

Gráfico A – Curva de titulação potenciométrica de neutralização

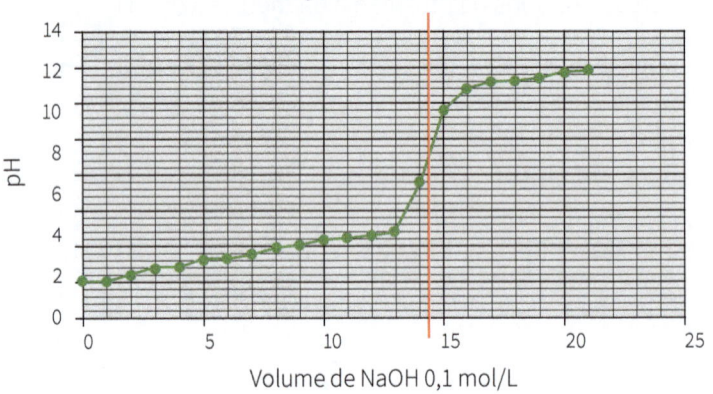

Titulação Potenciométrica

[Gráfico: eixo y = pH (0 a 14); eixo x = Volume de NaOH 0,1 mol/L (0 a 25); curva com ponto de inflexão próximo a 14,4 mL, marcado por linha vermelha vertical]

Volume de NaOH 0,1 mol/L

Nesse gráfico, podemos ver que o ponto de inflexão na porção mais vertical da curva, que tomamos como ponto final, é aproximado do volume de NaOH = 14,4 mL, como mostra o traço em vermelho do gráfico.

Para termos maior precisão do valor no ponto final, é necessário estimar a primeira derivada numérica da curva de titulação, que consiste em calcular a variação do potencial por unidade de titulante, isto é, $\Delta E/\Delta V$ em função do volume médio Vm. Essa relação gera uma curva com ponto máximo que corresponde ao ponto de inflexão, como mostra o Gráfico B.

Gráfico B – Primeira derivada da curva de titulação potenciométrica de neutralização

Derivada Primeira

Volume de NaOH 0,1 mol/L

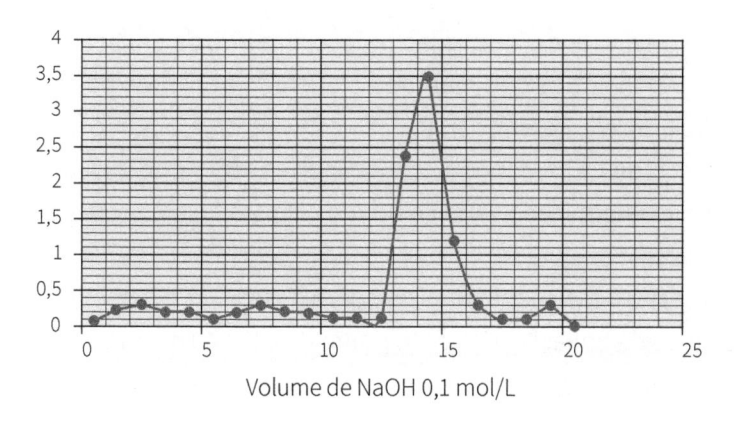

Para visualizarmos melhor a curva, podemos restringir os pontos apenas àqueles próximos ao pico, como apresenta o Gráfico C.

Gráfico C – Ajuste da primeira derivada da curva de titulação potenciométrica de neutralização

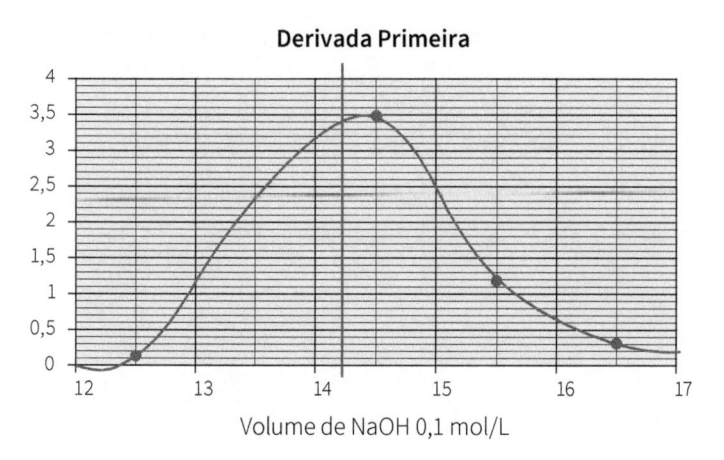

Derivada Primeira

Volume de NaOH 0,1 mol/L

Com o gráfico da primeira derivada, percebemos que o volume V_{NaOH} = 14,4 ml foi confirmado.

O que diferencia a titulação potenciométrica da titulação convencional? Nos dois métodos, o eletrodo é utilizado para a leitura de pH. Porém, na titulação convencional, o ponto final é detectado na mudança de cor do indicador químico, o que permite determinar o valor de pH (no pHmetro) e o volume gasto do titulante na bureta. Já na titulação potenciométrica, não é necessário o indicador químico, pois o ponto final é detectado na curva de titulação, isto é, no ponto de inflexão na porção mais vertical da curva.

4.5 Determinação de pH por meio da relação de equilíbrio de ácidos e bases

De acordo com a teoria de Arrhenius, pode-se identificar ácidos e bases da maneira a seguir.

- **Ácido** – Espécies que se dissociam e fornecem o íon hidrogênio:

    $HX \leftrightarrow H^+ + X^-$ ou $HX + H_2O \leftrightarrow H_3O^+ + X^-$

☐ **Base** – Espécies que se dissociam e fornecem o íon hidróxido:

$$BOH \leftrightarrow B^+ + OH^- \quad \text{ou} \quad BOH + H_2O \leftrightarrow BOH_2^+ + OH^-$$

> Reação de neutralização:
> $H^+ + OH^- \leftrightarrow H_2O$

4.5.1 Constantes de ionização de ácidos e bases

Considere as soluções de HA e B, bem como suas respectivas constantes de equilíbrio (k):

$$HA + H_2O \leftrightarrow A^- + H_3O^+ \qquad K_a \frac{[H_3O^+] \cdot [A^-]}{[HA]}$$
Ácido Base

$$B + H_2O \leftrightarrow BH^+ + OH^- \qquad K_b = \frac{[BH^+] \cdot [OH^-]}{[B]}$$
Base Ácido

$$K_a \cdot K_b \frac{[H_3O^+] \cdot [X^-]}{[HX]} \cdot \frac{[HX] \cdot [OH^-]}{[X^-]}$$

$$K_a \cdot K_b = [H_3O^+] \cdot [OH^-]$$

Assim:

> $K_w = K_a \cdot K_b$

K_w é a constante de equilíbrio da reação. Seu valor é $K_w = 1{,}008 \cdot 10^{-14}$, a 25 °C. Portanto, deve-se considerar $K_w \approx 1{,}0 \cdot 10^{-14}$, a 25 °C.

Ka e Kb encontram-se em concentrações de ácido (H_3O^+) e base (OH^-), que é referente à dissociação do eletrólito água, respectivamente: $H_2O + H_2O \leftrightarrow H_3O^+ + OH$.

Isso significa que, quanto maior for a H_3O^+, maior será o valor de Ka; e quanto maior for a OH^-, maior será o valor de kb (Andrade, 2021).

Síntese

Neste capítulo, abordamos alguns métodos analíticos por meio de técnicas eletroanalíticas, além de conceitos sobre reações químicas com a presença de aplicação de potencial elétrico polarizando eletrodos e transferindo íons nas interfaces eletrodo-eletrólito. Essas técnicas são indicadas para a quantificação de concentração e a caracterização de elementos metálicos.

Também vimos conceitos termodinâmicos e a obtenção da equação de Nernst de medidas de potencial a partir da equação da energia livre. Essa equação é base para a medição dos potenciais metálicos por meio da referência do eletrodo de hidrogênio.

Além disso, observamos a ilustração e a descrição de uma célula eletroquímica, composta por eletrodos (ânodo e cátodo), eletrólito e fonte de potencial.

Por fim, analisamos alguns métodos das técnicas eletroanalíticas, com exemplos e ilustrações práticas, o eletrodo de referência, o eletrodo calomelano saturado (Hg/Cl_2Hg_2) e o eletrodo de prata/cloreto de prata ($Ag/AgCl$), além de indicadores metálicos e de membrana, mostrando alguns tipos usuais.

Capítulo 5

Espectrometria de fluorescência atômica

Conteúdos do capítulo:

- Luminescência molecular.
- Fotoluminescência.
- Fluorescência atômica ressonante.
- Relaxação não radiativa.
- Emissão fluorescente.
- Condição específica para espécies fluorescentes.
- Fosforescência molecular.
- Quimioluminescência.

Após o estudo deste capítulo, você será capaz de:

1. relacionar as faixas do espectro captadas na fluorescência atômica;
2. identificar os métodos de luminescência molecular;
3. indicar os materiais e os equipamentos necessários às práticas;
4. diferenciar os métodos de fluorescência e fosforecência com base nos níveis de excitação dos espectros das moléculas analisadas e caracterizadas;
5. compreender as limitações e as vantagens da espectroscopia de fluorescência;
6. reconhecer as técnicas mais usuais e suas aplicações.

A **espectrometria de fluorescência atômica** (AFS, do acrônimo em inglês *atomic fluorescence spectrometry*) é classificada como uma análise química instrumental moderna, baseada no princípio de excitação e na emissão da radiação das moléculas a serem quantificadas e caracterizadas analiticamente.

Esse método tem por característica aplicar uma excitação nas moléculas analisadas, a partir da absorção de fótons ou de uma reação química, gerando um estímulo e fazendo com que as espécies da amostra sofram uma transição para um estado de maior energia ou estado excitado. Quando ocorre uma desativação dessa excitação, dá-se uma absorção da energia radiante por luminescência molecular (fotoluminescência – fluorescência e/ou fosforescência – e quimiluminescência).

As equações de comprimento da faixa de ondas, as equações de Beer, a equação de absorbância e a equação de eficiência quântica são referências aos instrumentos de captação da energia vibracional radiante. Esses instrumentos são os espectrômetros próprios aos espectros das faixas ultravioleta e visível, tendo aplicações em caracterizações e quantificações analíticas.

5.1 Conceitos fundamentais

As interações entre a radiação eletromagnética e a matéria são o objeto de estudo da ciência da espectroscopia. Os métodos espectroscópicos de análise são baseados na medida da quantidade de radiação produzida ou absorvida pelas moléculas ou pelas espécies atômicas de interesse.

A radiação eletromagnética pode ser definida, classicamente, como ondas eletromagnéticas que consistem em dois campos, um elétrico e um magnético, os quais sofrem oscilações senoidais na fase e na direção da propagação, como demonstra a Figura 5.1.

Figura 5.1 – Onda eletromagnética

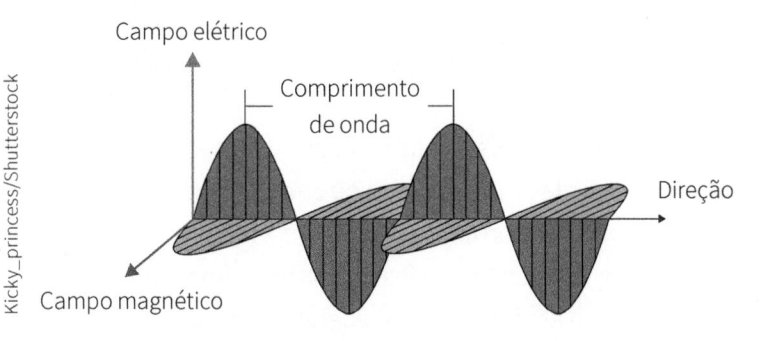

Campo elétrico, Comprimento de onda, Direção, Campo magnético

Outra característica das ondas, descoberta mais recentemente, refere-se à capacidade de transportar energia e informações. Por isso, existe atualmente uma visão dualística, chamada *dualidade onda-partícula*: a radiação ora se comporta como onda (modelo ondulatório), ora como partícula (partículas discretas de energia chamadas *fótons*). Essa dualidade deve ser tomada como complementar, e não como excludente.

Os métodos são geralmente classificados de acordo com a região do espectro eletromagnético envolvida na medida. As faixas espectrais que são geralmente utilizadas incluem os raios gama, os raios X, o ultravioleta (UV), o infravermelha (IV), as micro-ondas, a radiofrequência (RF) e, claro, a faixa espectral visível. Esse campo da ciência tem desempenhado um papel inestimável no desenvolvimento da teoria atômica moderna, sendo amplamente empregado na elucidação de estruturas moleculares, bem como na determinação qualitativa e quantitativa de compostos orgânicos e inorgânicos.

As amostras a serem estudadas por métodos espectroscópicos são geralmente estimuladas aplicando-se a elas energia na forma de calor, energia elétrica, luz, partículas ou reação química.

Antes de se aplicar o estímulo, o analito se encontra predominantemente em seu estado de energia mais baixo, também chamado *estado fundamental*. O estímulo, então, faz com que algumas das espécies do analito sofram uma transição para um estado de maior energia ou estado excitado. Pode-se obter informações sobre o analito medindo-se a radiação eletromagnética emitida quando ele retorna a seu estado fundamental, ou seja, a quantidade de radiação eletromagnética absorvida decorrente da excitação.

Desde as ondas geradas pelos processos naturais, como a luz visível e as criadas pelo homem, até as ondas de rádio e TV ou raios X, todas têm uma característica comum: são resultado das oscilações do campo elétrico e do campo magnético.

A velocidade da propagação da onda (v) depende de sua frequência (simbolizada por ν) e do comprimento de onda (simbolizada por λ), sendo dada pela Equação 5.1.

Equação 5.1

$v = \nu \cdot \lambda$

A frequência é determinada pela fonte de radiação; já o comprimento de onda depende do meio de propagação da onda.

Sabe-se também que a velocidade máxima da luz (c), obtida no vácuo, onde não ocorre interação com a matéria, é igual à Equação 5.2.

Equação 5.2

$C = v \cdot \lambda = 3 \cdot 10^{10}$ cm $\cdot$ s^{-1}

Em muitas interações entre a radiação e a matéria, é mais útil considerar a luz como constituída de fótons. Max Planck (1858-1947) relacionou a frequência dos fótons (v) com a energia (E) associada a cada um desses fótons, chegando à Equação 5.3:

Equação 5.3

$E = h \cdot v$

Em que:
E = energia do fóton;
h = constante de Planck (6,63 $\cdot$ 10^{-34} J $\cdot$ s);
v = frequência.

Sendo v diretamente dependente da velocidade da luz (c) e inversamente do comprimento de onda (λ), temos a Equação 5.4:

Equação 5.4

$$E = \frac{h \cdot c}{\lambda}$$

Portanto, a energia do fóton (E) é inversamente proporcional ao comprimento de onda (λ), ou seja, quanto menor for o comprimento de onda, maior será a quantidade de energia necessária para a absorção.

Exercício resolvido

1. Calcule a energia em joules de um fóton de radiação infravermelha, sabendo que seu comprimento de onda é de 5 μm.

   Resposta

   Uma vez que o comprimento de onda $\lambda = 5$ μm e são conhecidos os valores das constantes h e c, temos:

   $\lambda = 5$ μm $= 5 \cdot 10^{-6}$

   $h = 6{,}63 \cdot 10^{-34}$ J $\cdot$ s

   $c = 3 \cdot 10^{10}$ cm $\cdot$ s^{-1} $= 3 \cdot 10^{8}$ m $\cdot$ s^{-1}

   $$E = \frac{6{,}63 \cdot 10^{-34} \cdot 3 \cdot 10^{8}}{5 \cdot 10^{-6}}$$

   $E = 3{,}98 \cdot 10^{-20}$ J

O que é

Fótons são pacotes de energia que formam as ondas eletromagnéticas. Eles são transferidos permanentemente entre o objeto e o meio, sempre que uma radiação é emitida ou absorvida. Esse fenômeno só foi explicado em 1905 por Albert Einstein (1879-1955), quando ele postulou sobre o efeito fotoelétrico.

Quando a amostra é estimulada pela aplicação de uma fonte de radiação eletromagnética externa, é possível que ocorram muitos processos, como o fato de que a radiação pode ser espalhada ou refletida. O importante é que uma parte da radiação incidente pode ser absorvida e promover algumas das espécies do analito a um estado excitado.

Na espectrometria atômica, existem três tipos principais de métodos espectrométricos para a identificação de elementos presentes em amostras e determinação de suas concentrações: (1) espectrometria óptica; (2) espectrometria de massa; e (3) espectrometria de raios X.

Os dois primeiros requerem a atomização, mas o terceiro não, porque os espectros de raios X independem da forma como os elementos químicos estão combinados.

Na espectrometria atômica óptica, essa atomização pode ocorrer por:

- Absorção atômica, baseada na absorção de radiação eletromagnética: $A = \varepsilon bC$.
- Por emissão atômica, baseada na emissão de radiação eletromagnética: $I = kC$.
- Fluorescência atômica, que é similar à fotoluminescência molecular, mas em nível atômico.

5.2 Luminescência molecular

A fluorescência é um processo de fotoluminescência no qual os átomos ou as moléculas são excitados por absorção de radiação eletromagnética, e as espécies excitadas, então, relaxam e voltam ao estado fundamental, liberando o excesso de energia como fótons (Skoog et al., 2006).

Na espectroscopia de fotoluminescência, a emissão de fótons é medida após a absorção. As formas mais importantes de fotoluminescência para os propósitos analíticos são as espectroscopias de fluorescência e a fosforescência, como demonstra o diagrama da Figura 5.2.

Figura 5.2 – Diagrama dos métodos de luminescência

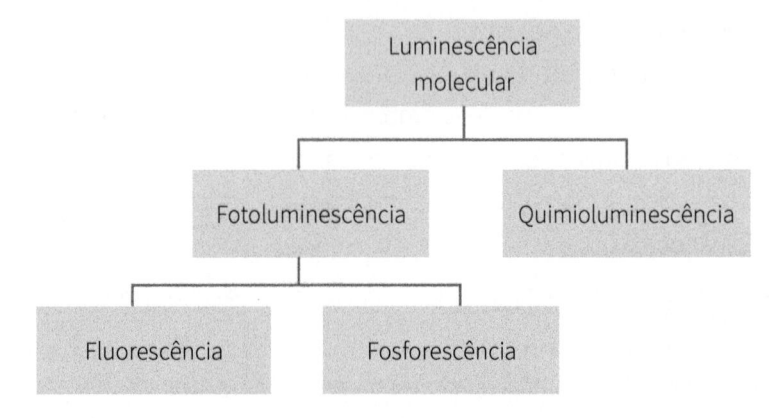

```
                  Luminescência
                   molecular
                  /          \
        Fotoluminescência    Quimioluminescência
         /         \
   Fluorescência   Fosforescência
```

Na fotoluminescência, a excitação é feita pela absorção de fótons. Já na quimiluminescência, a produção de luz ocorre quando a energia de excitação é proveniente de uma reação química.

A fluorescência molecular é medida excitando-se a amostra no comprimento de onda de absorção, também conhecido como *comprimento de onda de excitação*. Deve-se medir a emissão em um comprimento de onda mais alto, denominado *comprimento de onda de fluorescência* (Skoog et al., 2006).

A absorção da radiação promove as partículas de uma amostra de seu estado fundamental (S_0) para um ou mais estados excitados (S_1 ou S_2).

De acordo com a teoria quântica, os átomos apresentam somente um número limitado de níveis discretos de energia. Para que a absorção ocorra, a energia do fóton de excitação deve ser exatamente igual à diferença entre os estados fundamental e excitado, sendo essas diferenças únicas para cada espécie. Assim, quando átomos absorvem ou emitem radiação, ao realizarem a transição entre os estados, a frequência (ν) ou o comprimento de onda (λ) da radiação podem ser relacionados com a diferença de energia entre os estados, como demonstra a Equação 5.5.

Equação 5.5

$$E1 - E0 = \frac{h \cdot c}{\lambda}$$

Por um lado, quando um átomo recebe energia radiante, ele passa do estado S_0 para o S_1 ou S_2, e assim há um espectro de absorção. Por outro, quando um átomo cede o excesso de energia e volta ao S_0, há um espectro de emissão.

Vale lembrar:

$S_0 + S = S_1$ ou S_2 e espectro de absorção.

S_1 ou $S_2 - S = S_0$ e espectro de emissão.

Figura 5.3 – Diagrama de energia Jablonski: molécula fotoluminescente típica

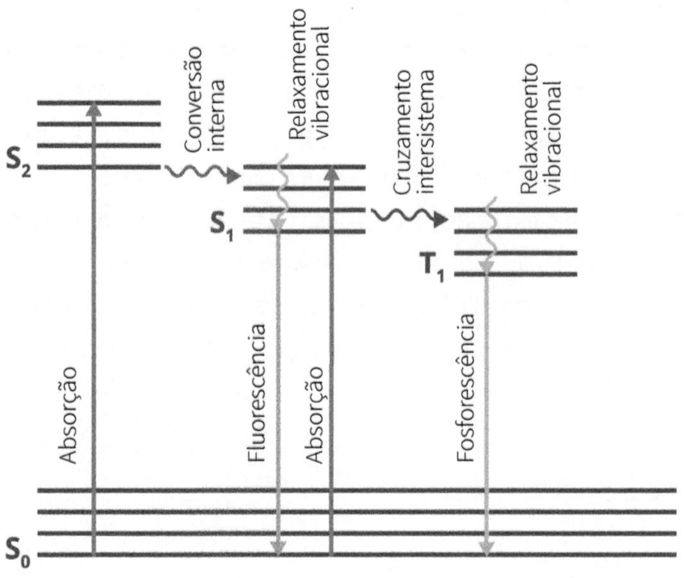

petrroudny43/Shutterstock

A fluorescência e a fosforescência resultam da absorção da radiação eletromagnética e da dissipação de energia por emissão de radiação. A absorção pode causar a excitação do analito. A principal diferença entre a fluorescência e a fosforescência está na escala de tempo da emissão, com a primeira sendo muito rápida (ocorre em 10^{-5} segundos) e a segunda, mais lenta (pode durar minutos ou horas). A fluorescência é muito mais empregada em análises químicas do que a fosforescência.

5.3 Quimioluminescência

A quimioluminescência é um tipo de reação química que, ao ocorrer, gera energia luminosa. Ao longo de uma reação química, os reagentes se transformam em estados intermediários eletronicamente excitados, e ao passarem para um estado de menor excitação, liberam a energia absorvida na forma de luz. A quimioluminescência envolvendo as reações biológicas ou enzimáticas é frequentemente denominada *bioluminescência*.

Um exemplo familiar de bioluminescência é o da luz emitida pelo vaga-lume. Na reação promovida por essa espécie de besouro, a enzima luciferase catalisa a fosforilação oxidativa da luciferina com o trifosfato de adenosina para produzir oxiluciferina, dióxido de carbono, monofosfato de adenosina e luz. Outros exemplos de espécies que exibem bioluminescência incluem o pepino-do-mar, algumas medusas, bactérias, protozoários e crustáceos.

O luminol é o composto químico mais conhecido da quimioluminescência, muito usado na perícia criminal quando se quer investigar a presença de vestígios de sangue em uma cena de crime. Ao borrifar o luminol em uma mancha de sangue, o composto reage com o ferro da hemoglobina, que atua como catalisador e acelera essa reação em segundos para a luz radiante aparecer. Mesmo que o local tenha sido limpo, o luminol evidencia a presença do sangue.

Figura 5.4 – Fórmula estrutural do luminol

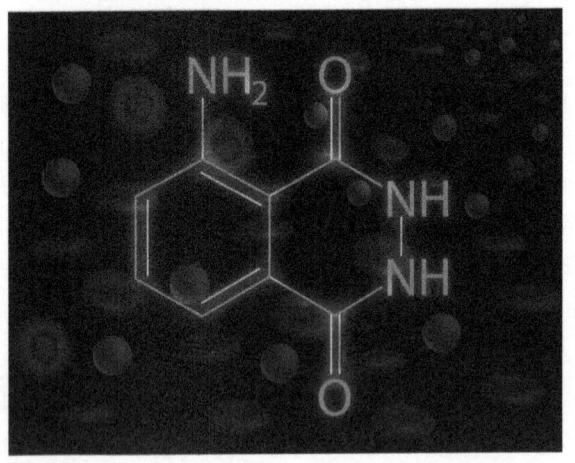

Meletios Verras/Shutterstock

Segundo Skoog et al. (2006, p. 792):

> Uma característica importante da quimiluminescência para fins analíticos está na simplicidade da instrumentação. Uma vez que nenhuma fonte externa é necessária para a excitação, o instrumento pode ser constituído somente por um frasco de reação e por um tubo fotomultiplicador. Em geral, nenhum dispositivo de seleção do comprimento de onda é necessário porque a única fonte de radiação é a reação química.

A quimioluminescência é aplicada também para a determinação de gases, como os óxidos de nitrogênio e ozônio e compostos de enxofre, além de ser empregada nas técnicas de imunoensaio, em sondas para a dosagem de DNA, em métodos para a reação de cadeia de polimerase e na determinação de espécies inorgânicas, como o peróxido de hidrogênio e alguns íons metálicos.

Curiosidade

A quimioluminescência provém de uma reação química que ocorre no uso da técnica forense com o luminol para verificar os vestígios de sangue ou, ainda, nos vaga-lumes, que brilham no escuro. Para haver fluorescência, é necessária uma reação química ou uma enzima (bioluminescência). Essa energia química, gerada como resultado da dissociação de ligações fracas, produz compostos intermediários em um estado eletronicamente excitado que, quando retornam ao estado de energia inicial, emitem luz.

5.4 Fotoluminescência ou fluorescência

Como vimos anteriormente, na fotoluminescência, a excitação é feita pela absorção de fótons. Ela pode ocorrer de várias formas, algumas das quais veremos adiante.

5.4.1 Fluorescência atômica ressonante

Os átomos gasosos tornam-se fluorescentes quando são expostos à radiação com um comprimento de onda que se iguala exatamente a uma das linhas de absorção (ou emissão) do elemento em questão.

Como exemplo, podemos mencionar que os átomos gasosos de sódio são promovidos ao estado excitado de energia E3p por meio da absorção de radiação de 589 nm. A relaxação pode então ocorrer por reemissão de radiação fluorescente de idêntico comprimento de onda. Quando os comprimentos de onda de excitação e de emissão são os mesmos, a emissão resultante é chamada *fluorescência ressonante*.

Os átomos de sódio poderiam também exibir a fluorescência ressonante quando expostos à radiação de 330 nm ou de 285 nm. Contudo, o elemento poderia, também, produzir fluorescência não ressonante, relaxando inicialmente para o nível de energia E3p por uma série de colisões não radiativas com outras espécies presentes no meio. Uma relaxação posterior para o estado fundamental pode então ocorrer, seja por emissão de um fóton de 589 nm, seja pela desativação por meio de novas colisões.

Portanto, a fluorescência ressonante é a radiação que apresenta comprimento de onda idêntico à radiação que excitou a fluorescência.

Na excitação de S_1 ou S_2, muitos processos que causam a perda do excesso de energia da molécula podem ocorrer. Dois dos mecanismos merecem destaque: (a) a relaxação não radiativa e (2) a emissão fluorescente.

5.4.2 Relaxação não radiativa

No caso da fluorescência, ocorrem muitas sobreposições entre os diferentes estados energéticos, tornando a emissão muito mais complexa e em comprimentos de onda maiores, em razão dos demais fenômenos não radiativos. Uma molécula excitada pode retornar ao nível S_0, ou seja, a molécula pode "relaxar" de diversas formas, sendo favorecida aquela trajetória que minimiza o tempo de vida do estado excitado.

Assim, além de processos radiativos de fluorescência e de fosforescência, podem ocorrer também os processos não radiativos. De modo resumido, a seguir apresentamos descrição de dois métodos de relaxação não radiativa que competem com a fluorescência: (1) a relaxação vibracional e (2) a conversão interna.

- **Relaxação vibracional** – As colisões entre moléculas das espécies excitadas e do solvente levam a uma transferência de energia daquelas para as moléculas deste, resultando em um ligeiro aumento na temperatura do solvente. A relaxação vibracional é um método de desativação tão eficiente que o tempo de vida médio de uma espécie no estado excitado vibracional é de 10^{-15} segundos. A relaxação vibracional é indicada por setas onduladas curtas entre os níveis vibracionais.
- **Conversão interna** – É a relaxação não radiativa entre os níveis vibracionais mais baixos de um estado eletrônico e os níveis vibracionais mais altos de outro estado eletrônico. Logo, ocorre a conversão das espécies excitadas para um estado eletrônico mais baixo. Os mecanismos pelos quais esse tipo de relaxação ocorre não são completamente compreendidos; porém, o efeito líquido é novamente o aumento da temperatura do meio. A conversão interna é menos eficiente do que na relaxação vibracional, de forma que o tempo de vida médio do estado eletrônico excitado fica entre 10^{-9} e 10^{-6} segundos.

5.4.3 Emissão fluorescente

A fluorescência é observada a partir do estado excitado eletrônico mais baixo S_1 para o estado fundamental S_0. Geralmente, a fluorescência ocorre somente do nível vibracional mais baixo de S_1 para vários níveis vibracionais de S_0.

De acordo com Skoog et al. (2006, p. 784, grifo do original),

> Isto [ocorre] porque os processos de conversão interna e a relaxação vibracional são muito rápidos quando comparados com a fluorescência. Portanto, um espectro de fluorescência consiste normalmente em uma única banda com muitas linhas próximas que representam as transições do estado vibracional mais baixo de E1 para os muitos níveis vibracionais diferentes de E_0[*]. [...] As bandas de fluorescência molecular são constituídas por linhas que apresentam comprimento de onda maior, menor frequência, e assim de menor energia do que a banda de radiação absorvida para sua excitação. Esse deslocamento para os comprimentos de onda mais longos é denominado **deslocamento Stokes**.

5.4.4 Condição específica para espécies fluorescentes

A fluorescência é um dos vários mecanismos pelos quais a molécula regressa a seu estado fundamental original depois de ter sido excitada pela absorção de radiação. Nem todas as

---

* Skoog et al. (2006) denominam os estados eletrônicos pela letra E. Assim, E_0 equivale a S_0; E_1, a S_1, e assim por diante.

moléculas absorventes apresentam potencial para fluorescer, porque suas estruturas derivam de caminhos para a relaxação não radiativa, mais rápida que a emissão fluorescente.

As moléculas que fluorescem intensamente, como a fluoresceína, apresentam eficiências quânticas que se aproximam da unidade sob certas condições. As espécies não fluorescentes apresentam eficiências essencialmente iguais a zero (Skoog et al., 2006).

A eficiência quântica é descrita pelo rendimento quântico de fluorescência, ɸF, como demonstrada na Equação 5.6.

Equação 5.6

$$\Phi = \frac{K_F}{K_F + K_{nr}}$$

Em que:
Φ = eficiência quântica;
K_F = constante de velocidade de primeira ordem para a relaxação por fluorescência;
K_{nr} = constante de velocidade para a relaxação não radiativa.

Os métodos de fluorescência são muito menos aplicados do que os métodos de absorção, em razão do número limitado de sistemas químicos que fluorescem com intensidade apreciável. As substâncias que exibem fluorescência são os compostos aromáticos, alifáticos ou alicíclicos que contêm carbonila ou duplas ligações altamente conjugadas e estruturas rígidas.

De acordo com Skoog et al. (2006, p. 785),

> Os compostos que contêm anéis aromáticos apresentam emissão fluorescente mais intensa e mais útil. Enquanto certos compostos carbonílicos alicíclicos e alifáticos, bem

como as estruturas de ligações duplas altamente conjugadas, também fluorescem [...]. Muitos hidrocarbonetos aromáticos não substituídos fluorescem em solução com uma eficiência quântica que aumenta com o número de anéis e seu grau de condensação. Os heterocíclicos mais simples, como a piridina, o furano, o tiofeno e o pirrol, não apresentam fluorescência molecular [...], porém, as estruturas com anéis fundidos que contêm esses anéis frequentemente fluorescem [...].

Segundo Skoog et al. (2006), a substituição no anel aromático causa um deslocamento do comprimento de onda máxima de absorção e alterações correspondentes nos picos de fluorescência. Consequentemente, a substituição no anel afeta, geralmente, a eficiência da fluorescência, como mostra a Tabela 5.1.

Tabela 5.1 – Efeito da substituição sobre a fluorescência de derivados do benzeno

Efeito da substituição sobre a fluorescência de derivados do benzeno	
Composto	Intensidade relativa da fluorescência
Benzeno	10
Tolueno	17
Propilbenzeno	17
Fluorbenzeno	10
Clorobenzeno	7
Bromobenzeno	5

Já o efeito da rigidez estrutural é visto como benefício, porque diminui a velocidade da relaxação não radiativa ao ponto em que a relaxação por fluorescência tenha tempo de ocorrer.

Outro fator que altera a eficiência quântica da fluorescência é a temperatura, uma vez que, em níveis elevados, ela provoca o aumento da frequência de colisões, levando à maior probabilidade de relaxação colisional. Consequentemente, ocorre a diminuição da viscosidade do solvente.

A concentração também provoca efeitos na intensidade de fluorescência. De acordo com Skoog et al. (2006), a potência da radiação fluorescente (F) é proporcional à potência do feixe de excitação absorvida pelo sistema, regida pela Equação 5.7:

Equação 5.7

$$F = K' (P_0 - P)$$

Em que:
P_0 = potência do feixe incidente sobre a solução;
P = potência após ter percorrido em comprimento (b) do meio;
K = constante que depende da eficiência quântica da fluorescência.

Para relacionar a potência da radiação fluorescente (F) com a concentração (C) da partícula fluorescente, a equação de Beer segue a seguinte relação:

Equação 5.8

$$\frac{P}{P_0} = 10^{-\varepsilon bc}$$

Nessa equação, ε é a absortividade molar da espécie fluorescente e εbc, a absorbância A. Substituindo-se a Equação 5.8 na Equação 5.7, obtemos:

Equação 5.9

$F = K'P_0 (1 - 10^{-\varepsilon bc})$

Se for escrita na forma exponencial, teremos:

Equação 5.10

$$F = K'P \left[2,3\,\varepsilon bc - \frac{(-2,3\,\varepsilon bc)^2}{2!} - \frac{(-2,3\,\varepsilon bc)^3}{3!} - \ldots \right]$$

Quando $\varepsilon bc = A < 0{,}05$, o primeiro termo dentro dos colchetes (2,3 εbc) é muito maior que os termos subsequentes, e podemos escrever:

Equação 5.11

$F = 2{,}3\,K'\varepsilon bc P_0$

Já considerando a potência P_0 constante, teremos:

Equação 5.12

$F = Kc$

Dessa forma, o gráfico da potência de fluorescência de uma solução *versus* a concentração das espécies emissoras deve ser linear para baixas concentrações.

Skoog et al. (2006, p. 786) explicam que, "Quando c [concentração] torna-se alta o suficiente para que a absorbância seja maior que 0,05 (ou a transmitância menor que cerca de 0,9), a relação representada pela [...] [Equação 5.12] torna-se não linear e "F" situa-se abaixo da extrapolação da parte linear do gráfico".

Esse efeito resulta da absorção primária, na qual a radiação incidente é absorvida tão intensamente que a fluorescência não é mais proporcional à concentração, como mostra a Equação 5.10.

Quando essa concentração é muito alta, ela atinge a potência da radiação fluorescente (F), chegando ao máximo, e seu valor pode começar a decrescer com o aumento da concentração, por causa da absorção secundária. Esse fenômeno ocorre em razão da absorção da radiação emitida por outras moléculas do analito. Os efeitos primários e secundários, algumas vezes denominados *efeitos de filtro interno*, podem também ocorrer por causa da absorção por outras moléculas presentes na matriz da amostra.

5.4.5 Aplicação da fluorescência

Os componentes de vários tipos de instrumentos para as medidas de fluorescência são exemplificados na Figura 5.5.
A configuração geral para as medidas de fluorescência necessita de dois seletores de comprimento de onda para selecionar os comprimentos de onda da excitação e da emissão. A radiação da fonte é selecionada e incidida na amostra, e a radiação emitida é medida, geralmente em ângulo reto, para evitar o espalhamento.

Podemos observar na Figura 5.5 o diagrama do funcionamento de um espectrofotômetro de fluorescência.

Figura 5.5 – Componentes da instrumentação

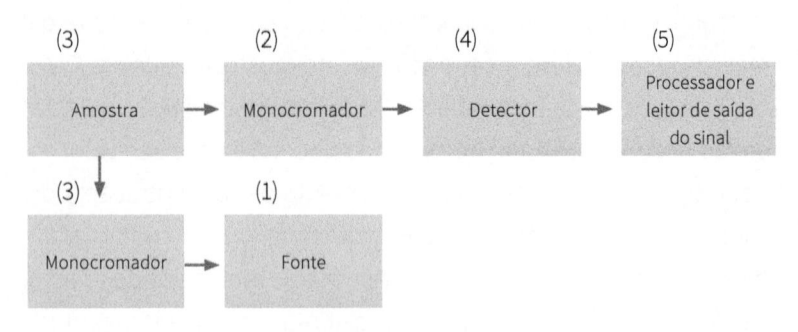

```
   (3)                (2)              (4)              (5)
┌─────────┐    ┌──────────────┐   ┌──────────┐   ┌──────────────┐
│ Amostra │ →  │ Monocromador │ → │ Detector │ → │ Processador e│
│         │    │              │   │          │   │ leitor de saída│
└─────────┘    └──────────────┘   └──────────┘   │   do sinal   │
                                                  └──────────────┘
   (3) ↓                (1)
┌──────────────┐    ┌─────────┐
│ Monocromador │ →  │  Fonte  │
└──────────────┘    └─────────┘
```

O funcionamento desse instrumento segue os seguintes passos:

- Lâmpada (fonte) – Emite luz em de uma faixa de comprimentos de onda.
- Monocromador – Seleciona o comprimento de onda de excitação.
- Área de amostra – Mantém a amostra, o analito absorve a luz.
- Luz – Emitida em um comprimento de onda mais longo.
- Monocromador – Seleciona o comprimento de onda de emissão.
- Luz transmitida – Medida pelo detector.
- Processador e leitor de saída do sinal – *Software* para analisar os dados recolhidos.

Figura 5.6 – Configuração geral de um espectrofotômetro de fluorescência

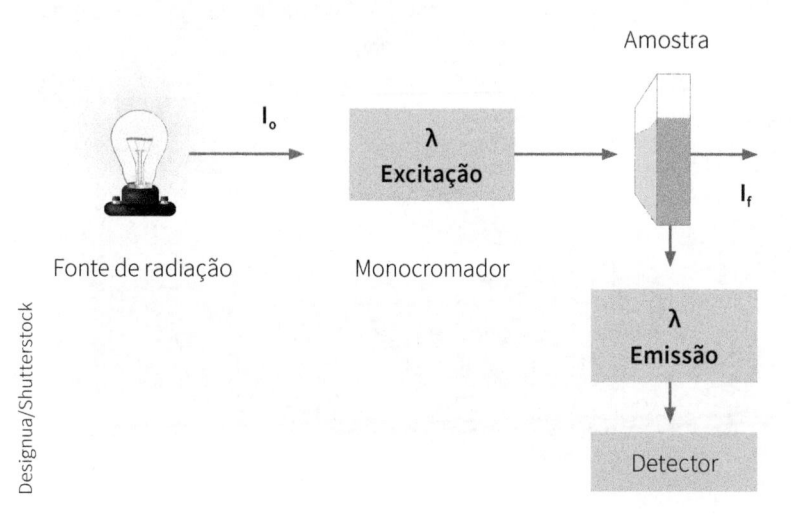

O detector é posicionado perpendicularmente à fonte luminosa para reduzir a sensibilidade por aproximadamente 10.000 e para melhorar a relação sinal-ruído.

O equipamento que mede a fluorescência é chamado de *fluorímetro* ou *fluorômetro* e é mostrado na Figura 5.7.

Figura 5.7 – Fluorímetro portátil

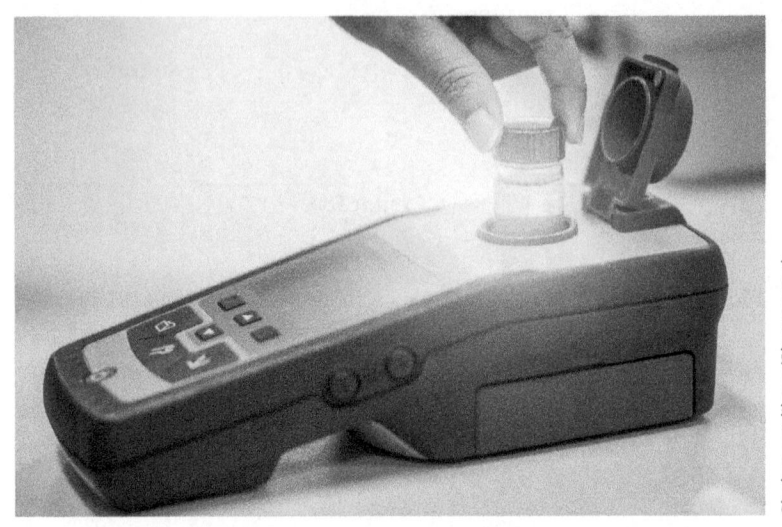

Choksawatdikorn/Shutterstock

O mercado apresenta instrumentos híbridos que empregam um filtro de excitação com um monocromador para a emissão. Para compensar as oscilações na potência da fonte radiante em relação ao tempo e ao comprimento de onda, alguns aparelhos acoplam uma estrutura de feixe duplo.

Os instrumentos que corrigem pela distribuição espectral da fonte são denominados *espectrofluorímetros*. As fontes para fluorescência são comumente mais potentes do que as fontes típicas para a absorção. Na fluorescência, a potência radiante emitida é diretamente proporcional à intensidade da fonte, mas a absorbância, pelo fato de ser relacionada à razão das potências, é substancialmente independente da intensidade da fonte.

Por causa dessas diferenças sobre a dependência da intensidade da fonte, os métodos de fluorescência são de 10 a 1000 vezes mais sensíveis do que os métodos de absorção.

As fontes específicas para a fluorescência são as lâmpadas de vapor de mercúrio (de 254 nm, 302 nm, 313 nm, 546 nm, 578 nm, 691 nm e 773 nm). Lâmpadas de xenônio de 75 W a 450 W (emissão contínua de 300 nm a 1300 nm) e *lasers* limitados sem seleção de comprimento de onda não podem ser alterados.

Os monocromadores são essencialmente similares aos empregados nos espectrofotômetros de absorção, salvo pelo fato de que as fotomultiplicadoras são aplicadas, invariavelmente, nos espectrofluorímetros de alta sensibilidade. Os fluorímetros e os espectrofluorímetros diferenciam-se amplamente nos aspectos de sofisticação, de desempenho e de custo, como o fazem os espectrofotômetros de absorção. Normalmente, os instrumentos para fluorescência são mais caros do que os instrumentos de absorção.

Para saber mais

BISINOTI, M. C. et al. Um novo método para quantificar mercúrio orgânico ($Hg_{orgânico}$) empregando a espectrometria de fluorescência atômica do vapor frio. **Química Nova**, São Paulo, v. 29, n. 6, p. 1169-1174, dez. 2006. Disponível em: <https://www.scielo.br/j/qn/a/MWxk39JTzzqR43KFF454dzk/?lang=pt&format=pdf>. Acesso em: 15 out. 2021.

Esse artigo propõe um procedimento simples, rápido e com baixo limite de detecção para quantificação do mercúrio (Hg) orgânico em amostras de água e sedimento. A proposta se destaca pelo protocolo de coleta, que garante a integridade do analito até o momento da quantificação. O método é baseado na extração do mercúrio de amostras de água e sedimento em meio ácido com diclorometano, seguida da oxidação com cloreto de bromo e redução com cloreto estanhoso, para posterior quantificação por espectrometria de absorção atômica do vapor frio (CVAFS).

Na sequência, apresentamos um resumo dos materiais e métodos do artigo de Bisinoti et al. (2006), assim como os resultados obtidos.

Exemplificando

Coleta da amostra e preservação

Foram propostos dois protocolos de coleta de amostra de água neste trabalho. [...] Um segundo protocolo previa a coleta das amostras de águas brancas e pretas da Bacia do Rio Negro, Amazônia (Rio Branco e Lago Iara), em campo e extração do $Hg_{orgânico}$ no laboratório

Reagentes

Os reagentes utilizados foram preparados e padronizados: ácido clorídrico, cloreto de metileno, cloridrato de hidroxilamina e etanol foram de elevada pureza (Mallinckrodt Baker Inc., Kentucky, USA). Cloreto de potássio, cloreto de mercúrio, mercúrio metálico, ácido húmico, tolueno, ditizona, sulfeto de sódio, hidróxido de potássio, hidróxido de sódio, acetato de sódio, ácido etileno, diamino tetracético, sulfato de sódio, florisil e cloreto de sódio, foram de grau analítico e água de grau MilliQ® (Millipore, Molsheim, France).

Método

Um [...] teste para avaliar a consistência do método baseou-se na quantificação de $Hg_{orgânico}$ por CVAFS (método proposto neste artigo) e metilHg empregando um método referência por

GC-ECD21 em 10 amostras de sedimento contendo diferentes concentrações de $Hg_{orgânico}$ e matéria orgânica [...]. O método referência para quantificação de metilHg consiste em digestão alcalina da amostra de sedimento com NaOH, seguida de extração com solução de ditizona-tolueno e limpeza dos extratos, para posterior quantificação por GC-ECD21.

Fonte: Bisinoti et al., 2006, p. 1170-1171.

Tabela A – Caracterização e coleta das águas avaliadas

Características	Unidade	Rio Branco (águas brancas)	Lago Iara (águas pretas)
pH	–	7,2	4,6
COD	$mg\ L^{-1}$	5,3	15,3
Temperatura	°C	30,5	30,9
Oxigênio dissolvido	$mg\ L^{-1}$	5,3	4,2
Condutividade	$\mu S\ cm^{-1}$	28,0	10,0
Mercúrio total	$ng\ L^{-1}$	46 ± 0,1	14,6 ± 0,1
NO_3^-	$\mu g\ L^{-1}$	< 25,0	35,0
NO_2^-	$\mu g\ L^{-1}$	< 25,0	< 25,0
NH_3	$\mu g\ L^{-1}$	< 5,0	6,6
SO_4^{2-}	$mg\ L^{-1}$	27,7	11,5
E_H	mV	290,0	316,0

Fonte: Bisinoti et al., 2006, p. 1171.

Foram coletados dois tipos de águas do Rio Negro, as quais foram acondicionadas a 4 °C, envoltas com papel alumínio até a análise. O trabalho empregou cloreto de bromo como agente oxidante e cloreto estanhoso como agente redutor. O cloro (Cl_2) é capaz de oxidar o metilmercúrio.

Tabela B – Limite de detecção, de reprodutibilidade, de quantificação

Composto	LD (pg)	LQ (pg)	Repetibilidade RSD (%, n = 6)	Reprodutibilidade RSD (%, n = 6)
$Hg_{orgânico}$	90,0	160,0	5,3	6,4
* Dados adicionais: 100,0 mL de amostra				

Fonte: Bisinoti et al., 2006, p. 1173.

O limite de detecção para quantificação de $Hg_{orgânico}$ em água, utilizando o metilmercúrio como modelo, foi calculado tendo o valor médio do branco (M_{Branco}) de 22,09 mV e o desvio padrão das medidas do branco (σ_{Branco}), de 2,11 mV, o que corresponde a 160 picograma (pg = 10^{-12} g).

A reprodutibilidade e a repetitividade foram avaliadas por meio de uma série de seis quantificações do sedimento BCR-580 realizadas no mesmo dia e em datas diferentes.

Gráfico A – Curvas de quantificação e caracterização do Hg$_{orgânico}$

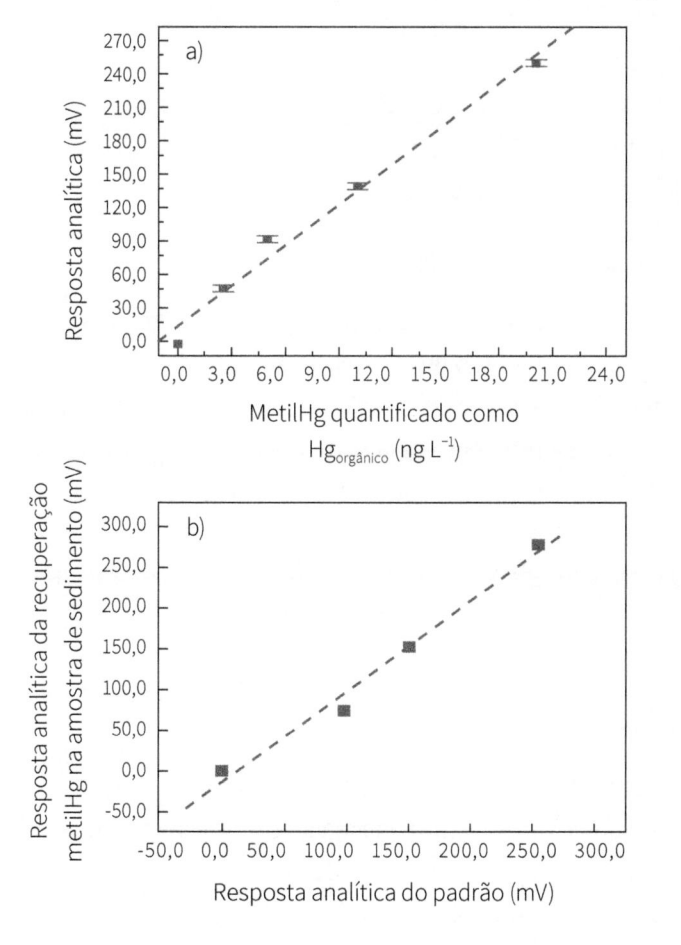

a) Resposta analítica (mV) vs. MetilHg quantificado como Hg$_{orgânico}$ (ng L^{-1})

b) Resposta analítica da recuperação metilHg na amostra de sedimento (mV) vs. Resposta analítica do padrão (mV)

Fonte: Bisinoti et al., 2006, p. 1174.

Os resultados mostrados no Gráfico A indicam que ocorreu uma boa recuperação do metilmercúrio adicionado na amostra de sedimento (R^2 = 0,9921).

O $Hg_{orgânico}$ foi quantificado em várias amostras de sedimento e para cada análise foi realizado um teste de recuperação para a adição de 10,0 ng de metilHg g^{-1} de sedimento.

Os valores de recuperação de metilHg (não apresentados) variaram de 57% a 97%, dependendo do conteúdo de carbono orgânico presente nos sedimentos.

Conclusão dos resultados

O método para quantificação de $Hg_{orgânico}$ em amostras ambientais – baseado em sua extração seguida de oxidação e subsequente redução para Hg0 –, e sua quantificação final por CVAFS, apresentou eficiência com níveis de recuperação variando de 90% a 110% para amostra de água e de 57% a 110% para amostra de sedimento.

5.4.6 Aplicações

Os métodos de fluorescência são aplicados no estudo da velocidade e do equilíbrio das reações químicas da mesma forma que os métodos espectrométricos de absorção. Na área química, esses métodos são bastante aplicados na pesquisa fotoquímica, na caracterização de nanopartículas, na pesquisa em química de superfície e na química analítica.

Já na área farmacêutica e na biotecnologia, os métodos de fluorescência se aplicam nas pesquisas bioquímica e biofísica. Além disso, são usados em estudos estruturais e de quantificação de proteína nas interações de proteína e em estudos de membrana. São adotados nos estudos de enzimologia, mais especificamente na cinética enzimática, utilizando um substrato fluorescente. Por fim, são empregados na biologia molecular para quantificação de DNA e RNA.

Para saber mais

SOTOMAYOR, M. D. P. T. et al. Aplicação e avanços da espectroscopia de luminescência em análises farmacêuticas. **Química Nova**, São Paulo, v. 31, n. 7, p. 1755-1774, jan. 2008. Disponível em: <https://repositorio.unesp.br/bitstream/handle/11449/25910/S0100-40422008000700031.pdf?sequence=1&isAllowed=y>. Acesso em: 15 out. 2021.

O artigo descreve os principais avanços alcançados nos últimos anos na determinação de fármacos, principalmente em formulações comerciais, no intuito de demonstrar o desenvolvimento e o potencial que essa metodologia apresenta.

O número de aplicações dos métodos de fluorescência em problemas orgânicos e bioquímicos são numerosos. Entre os tipos de compostos que podem ser determinados por fluorescência estão: aminoácidos, proteínas, coenzimas, vitaminas, ácidos nucléicos, alcaloides, porfirinas, esteroides, flavonoides e muitos metabólitos.

Em virtude de sua sensibilidade, a fluorescência é amplamente empregada como técnica de detecção em métodos de cromatografia líquida, em análise de fluxo e em eletroforese. Skoog et al. (2006) relatam que os métodos fluorescentes inorgânicos podem ser divididos em duas classes:

1. **Métodos diretos** – São baseados na reação do analito com um agente complexante para formar um complexo fluorescente.
2. **Métodos indiretos** – Dependem do decréscimo da fluorescência, também denominado *supressão* (*quenching*), resultante da interação do analito com o reagente fluorescente.

Os métodos de supressão são usados, primariamente, para a determinação de ânions e de oxigênio dissolvido.

O que é

A supressão (*quenching*) pode ser definida como a transferência de energia por processo não radiativo da substância de interesse no estado excitado para outras moléculas, que serão denominadas *agentes desativadores*, que, por sua vez, passam para o estado excitado enquanto a substância de interesse retorna para o estado fundamental.

5.4.7 Limitações e vantagens da espectroscopia de fluorescência

A espectroscopia de fluorescência não é uma técnica muito aplicada se comparada às outras técnicas espectroscópicas, em razão de diferentes fatores. Alguns pesquisadores relatam que a técnica não é considerada importante para a análise estrutural ou qualitativa, pois a molécula com pequenas variações estruturais apresenta, regularmente, espectros de fluorescência similares.

Além do mais, as bandas de fluorescência em solução são moderadamente largas à temperatura ambiente. Sua limitação maior é que nem todos os sistemas químicos podem ser detectados, pois não fluorescem com intensidade apreciável. Devemos destacar, ainda, que determinadas misturas químicas podem exigir uma limpeza antes do uso da técnica.

As vantagens estão na facilidade de ser utilizada, já que exige pouca manutenção, sendo extremamente sensível para compostos aromáticos e insaturados. Sua maior vantagem em relação à espectroscopia de absorção está em uma característica própria do método, que é sua sensibilidade intrínseca, pois, em condições específicas e controladas, uma única molécula pode ser determinada pela espectroscopia de fluorescência. Outra vantagem está na faixa linear de concentração dos métodos de fluorescência, que é significativamente maior do que aquela encontrada na espectroscopia de absorção.

Exercício resolvido

2. (Cespe – Polícia Federal – 2012)

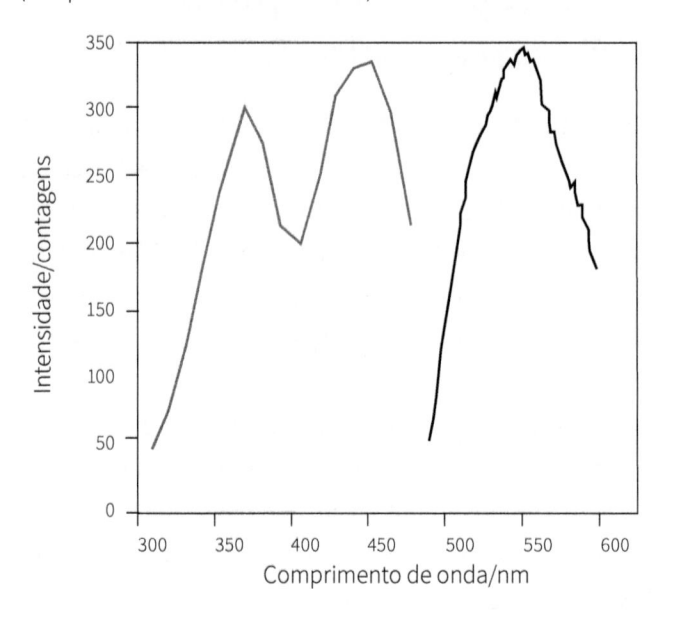

A utilização dos fenômenos de fluorescência e fosforescência molecular como técnicas analíticas possibilitou o desenvolvimento de vários métodos de alta sensibilidade. A figura acima apresenta os espectros de excitação e emissão da molécula de riboflavina. Com relação a esses espectros e à fluorescência e fosforescência molecular, julgue os itens subsecutivos.

85. Os espectros mostrados na figura em apreço indicam que a riboflavina possui dois níveis de energia singleto sendo excitados e que existe sobreposição dos níveis vibracionais desses dois estados eletrônicos.

86. Pode-se aumentar a intensidade de fluorescência de uma amostra realizando-se as medidas em temperaturas mais baixas, em solventes mais viscosos e na ausência de oxigênio dissolvido e de haletos.
87. De acordo com os espectros de excitação e de emissão da riboflavina, é correto afirmar que não ocorreu o fenômeno de autoabsorção de fluorescência na amostra em análise.
88. Em geral, os espectros de emissão de fluorescência apresentam alta correlação com os espectros de absorção na região ultravioleta-visível.

Resposta

85. Correto: O método de fluorescência molecular tem os espectros que são excitados nos níveis de singletos de absorção e captados na relaxação vibracional.
86. Correto: Ocorre uma relação entre intensidade da fluorescência com viscosidade, concentração da espécie absorvedora, temperatura, solvente e concentração de O_2 dissolvido.
87. Correto: Não ocorre autoabsorção porque é necessário que seja aplicada a fluorescência molecular, excitando-se a amostra no comprimento de onda de absorção.
88. Errado: A fluorescência dificilmente resulta da absorção de radiação ultravioleta de comprimentos de onda de 250 nm, porque tal radiação é suficientemente energética para causar desativação dos estados excitados por pré-dissociação ou dissociação.

5.5 Fosforescência molecular

A fosforescência (ou *fosforimetria*, como também é denominada) é uma técnica analítica que se fundamenta na detecção dos fótons emitidos por moléculas excitadas quando estas retornam do estado excitado tripleto para o estado fundamental.

A diferença entre fluorescência e a fosforescência requer a compreensão do *spin* eletrônico e da diferença entre o estado singleto e o estado tripleto. Skoog et al. (2006) relatam que essa diferença está nas moléculas comuns, que não sejam radicais livres existentes no estado fundamental com seus *spins* de elétrons emparelhados.

Existe uma denominação própria para definir os estados excitados moleculares nos quais se originam os efeitos fotoluminescentes. Quando a direção do *spin* do elétron promovido para um orbital de maior energia é preservada, tem-se o estado excitado singleto. Já no estado excitado tripleto, o *spin* do elétron promovido é invertido, como demonstra a Figura 5.8. Nessa figura, é possível perceber que a orientação do *spin* do elétron da espécie molecular no estado excitado sofre uma inversão (mudança de multiplicidade do estado excitado de singleto para tripleto).

Os estados excitados singleto e tripleto são, assim, responsáveis pela produção dos fenômenos de fluorescência e de fosforescência. No processo fosforescente, a emissão de radiação ocorre com um tempo de vida da ordem de 10^{-4} a 10 segundos, significativamente maior do que o da fluorescência (de 10^{-9} a 10^{-7} segundos). Adicionalmente, as energias dos estados excitados tripletos são relativamente menores do que a de seus equivalentes singletos.

Figura 5.8 – Estado de *spin* eletrônico das moléculas

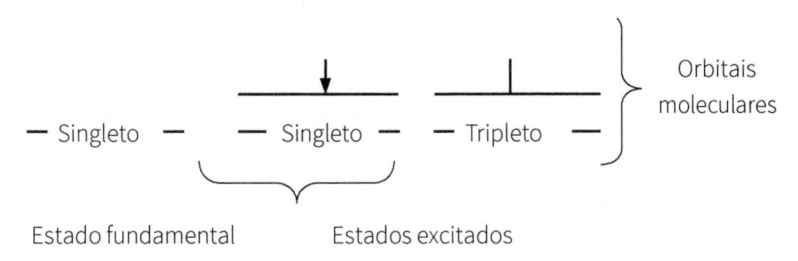

— Singleto — — Singleto — — Tripleto — } Orbitais moleculares

Estado fundamental   Estados excitados

Exercício resolvido

3. Defina os seguintes termos:
   a) Fluorescência.
   b) Fosforescência.
   c) Estado singleto.
   d) Estado tripleto.
   e) Relaxação vibracional.
   f) Conversão interna.
   g) Conversão externa.
   h) Rendimento quântico.

   Resposta
   a) **Fluorescência** – Apresenta-se como os átomos gasosos que fluorescem quando são expostos à radiação com um comprimento de onda que se iguala exatamente a uma das linhas de absorção (ou emissão) do elemento em questão. A radiação apresenta comprimento de onda idêntico ao da radiação que excitou a fluorescência.

b) **Fosforescência** – Técnica analítica que se fundamenta na detecção dos fótons emitidos por moléculas excitadas quando elas retornam do estado excitado tripleto para o estado fundamental.
c) **Estado singleto** – Estado excitado responsável pela produção do fenômeno de fluorescência. Tem processo rápido (de 10^{-7} a 10^{-5} segundos) e não envolve mudança de *spin*.
d) **Estado tripleto** – Estado excitado responsável pela produção do fenômeno de fosforescência. Tem processo lento (de 10^{-4} a 10 segundos), envolvendo mudança de *spin*.
e) **Relaxação vibracional** – Transferência de energia das moléculas excitadas para as moléculas do solvente em um intervalo de desativação da excitação com diminuição de velocidade, refletindo em um ligeiro aumento na temperatura do solvente.
f) **Conversão interna** – Processo de desativação da excitação das moléculas com relaxação radiativa de níveis vibracionais mais baixos de um estado e mais altos de outro estado eletrônico.
g) **Conversão externa** – Processo de desativação da excitação das moléculas com baixo número de colisões pela baixa temperatura ou pelo aumento da viscosidade.
h) **Rendimento quântico** – Relação de eficiência entre os fótons emitidos e os fótons absorvidos.

Síntese

Neste capítulo, abordamos alguns métodos analíticos por espectrofotometria voltadas à luminescência molecular, que abrange as técnicas de fotoluminescência (fluorescência e fosforescência) e de quimiluminescência. Demos mais atenção para a técnica de fluorescência atômica, tendo em vista sua alta aplicação na pesquisa e na indústria.

Apresentamos conceitos da radiação obtida por meio do espectro eletromagnético, enfatizando as faixas do comprimento das regiões ultravioleta e visível.

Vimos o comportamento das moléculas com seus níveis de energias a gerar seus estados excitados singletos e tripletos, que são responsáveis, respectivamente, pela produção dos fenômenos de fluorescência e fosforescência.

Definimos o que é fluorescência molecular e observamos suas características e suas aplicações. Descrevemos a relaxação não radiativa e a emissão fluorescente, as melhores condições para as espécies fluorescentes.

Analisamos ainda sistema dos equipamentos a serem utilizados nessas técnicas, para processos analíticos de quantificação e de caracterização nas faixas espectrais de absorção específicas.

Por fim, fizemos uma breve introdução dos métodos de fosforescência molecular e da quimioluminescência.

Capítulo 6

Espectroscopia de massa

Conteúdos do capítulo:

- Espectroscopia de massa.
- Plasmas.
- Lentes iônicas.
- Introdução de métodos com raios X.
- Difração de raios X.
- Difratômetros automáticos.
- Intepretação dos padrões de difração.

Após o estudo deste capítulo, você será capaz de:

1. descrever o princípio da técnica de espectroscopia de massa com plasma indutivamente acoplado;
2. compreender o princípio da técnica de espectrometria de raios X;
3. identificar os instrumentos utilizados nas técnicas estudadas;
4. aplicar as leis que regem cada técnica;
5. indicar os materiais e os equipamentos necessários às práticas;
6. reconhecer as aplicações dos materiais e dos equipamentos necessários.

Neste capítulo, veremos a espectroscopia de massa com plasma indutivamente acoplado (ICP-MS, do inglês *inductively coupled plasma mass spectrometry*) e a difração de raios X.

Mas o que é a espectroscopia de massa? A espectroscopia de massa com plasma indutivamente acoplado é uma técnica muito utilizada por determinar vários elementos químicos ao mesmo tempo, presentes em baixas concentrações. Por ser uma técnica de rápida análise semiquantitativa, isto é, capaz de medir isótopos, facilita a interpretação dos espectros. É utilizada em análises ambientais e geoquímicas, assim como nas indústrias farmacêuticas, eletrônicas e químicas.

Os plasmas indutivamente acoplados são um tipo de atomizador, ou seja, um método de atomização utilizado na espectroscopia de massa atômica. Fisicamente, consiste em três tubos concêntricos de quartzo, por meio dos quais flui uma corrente de gás argônio.

A amostra é introduzida por meio de um nebulizador, que se converte em íons na fase gasosa. Os íons de massa atômica diferentes são separados por um dispositivo denominado *analisador de massa*. Geralmente, é utilizado o tipo quadrupolar. A função do analisador é produzir o espectro de massa. A separação de íons ocorre por causa da razão massa/carga (m/z), que caracteriza a técnica IPC-MS, pois, dessa forma, é possível detectar os isótopos de um elemento químico em virtude da relação proporcional entre o raio e a massa desse elemento.

A difração de raios X é uma técnica baseada na difração de um feixe de luz da radiação eletromagnética nas faixas do comprimento de onda dos raios X. Ela é utilizada para a caracterização de estruturas cristalinas de materiais poliméricos, metais e outros sólidos. O equipamento utilizado nessa técnica é o difratômetro, que realiza uma varredura na amostra e avalia a intensidade relativa da difração do feixe de luz, o tamanho do cristalino e a distância interplanar. Essa técnica baseia-se na lei de Bragg, que determina o estudo do feixe de raios X por meio de um cristal em um ângulo Θ, em que uma parte do feixe penetra e outra sofre difração.

6.1 Conceitos fundamentais

Os métodos espectroscópicos são baseados na medida da quantidade de radiação produzida ou absorvida pelas moléculas ou pelas espécies atômicas de interesse. É um campo amplo, que pode ser classificado de acordo com o tipo de material que está sendo analisado.

Dessa maneira, a espectroscopia atômica pode ser clasificada em:

- Espectroscopia de absorção atômica (AAS).
- Espectroscopia de emissão atômica com plasma de micro-ondas (MP-AES).
- Espectroscopia de emissão atômica por plasma acoplado indutivamente (ICP-OES).
- Espectroscopia de massa com plasma indutivamente acoplado (ICP-MS).

Por sua vez, a espectroscopia molecular subdivide-se em:

- Espectroscopia no ultravioleta e no visível (UV-Vis).
- Espectroscopia no ultravioleta, no visível e no infravermelho (UV-Vis-NIR).
- Espectroscopia no infravermelho por transformada de Fourier (FTIR).
- Fluorescência de raios X (fluorescência).

A literatura apresenta três grupos principais dos métodos espectrométricos para a identificação de elementos presentes em amostras e a determinação de suas concentrações:

1. **Espectrometria óptica** – Consiste na interação de radiação nas faixas das regiões ultravioleta, visível e infravermelho com a matéria nos estados gasoso, sólido ou líquido. A interação pode ocorrer por radiação, espalhamento, emissão ou reflexão da luz incidente.
2. **Espectrometria de massa** – É baseada na relação massa/carga dos elementos. A técnica consegue distinguir vários isótopos dos elementos.
3. **Espectrometria de raios X** – Fundamenta-se nas medidas de absorção, emissão, espalhamento, fluorescência e difração de raios X.

A espectrometria de massa (MS) é uma técnica analítica utilizada para obter informação do peso molecular das características estruturais da amostra. A técnica é capaz de fornecer informações sobre:

- composição elementar de amostras;
- estrutura molecular;
- composição qualitativa e quantitativa de misturas complexas;
- estrutura e composição de superfícies sólidas e proporções isotópicas de átomos em amostras.

A espectroscopia de massa baseia-se nas massas (m) e nas cargas (z) dos elementos de interesse. É importante que a amostra seja modificada em íons em fase gasosa em lugar de átomos em fase gasosa. O motivo dessa transformação é que os íons de massas atômicas sejam separados por um dispositivo chamado *analisador de massas* para produzir um espectro de massas.

A separação dos íons ocorre com base na razão massa/carga (m/z) das espécies iônicas. Em razão de os íons produzidos em espectrometria de massas serem, geralmente, monocarregados, a razão massa/carga é algumas vezes referida somente pelo termo conveniente de *massa*. Já as massas atômicas são expressas, em geral, em termos de unidades de massa atômica (uma) ou Daltons (Da). O espectro de massas é um gráfico do número de íons produzidos *versus* a razão massa/carga.

Uma característica relevante na técnica é a capacidade de distinguir os vários isótopos de um elemento. Como a separação e a análise é feita pela razão m/z, analisadores de alta resolução permitem identificar e quantificar os isótopos dos elementos químicos, isto é, a espectroscopia de massa determina a porcentagem de diferentes isótopos de um mesmo elemento de estado natural por meio de picos no espectro de massa.

Figura 6.1 – Isótopos do selênio *versus* massa/carga em uma amostra

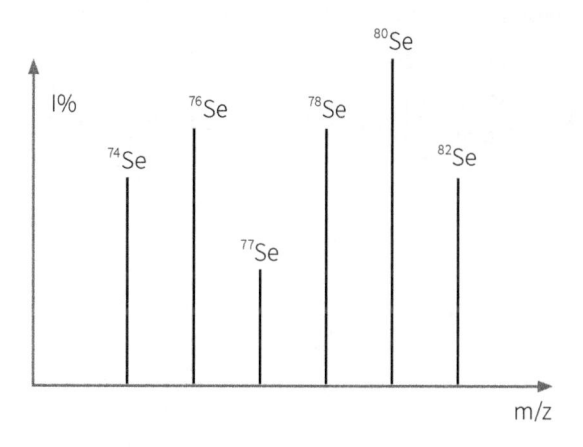

O que é

Isótopo de um elemento é a mesma espécie química, porém com diferentes quantidades de núcleos, ou seja, são átomos com o mesmo número atômico, mas diferente número de massa. A Figura 2.6, no Capítulo 2, ilustra o carbono e seus isótopos.

Outro fator importante para a espectroscopia atômica é o processo de atomização, pois ele pode ter grande influência na sensibilidade e na precisão do método. Os três processos de atomização mais utilizados na emissão óptica e na espectroscopia de massa são os plasmas indutivamente acoplados, as chamas e os atomizadores eletrotérmicos, como demonstra a Tabela 6.1.

Tabela 6.1 – Classificação dos métodos espectroscópicos atômicos

Classificação dos Métodos Espectroscópicos Atômicos			
Métodos de Atomização	Temperatura Típica de Atomização, °C	Tipos de Espectroscopia	Nome Comum e Abreviações
Plasma acoplado indutivamente	6.000-8.000	Emissão	Espectroscopia de emissão em plasma acoplado indutivamente, ICPAES.
		Massa	Espectrometria de massa com plasma acoplado indutivamente, ICP-MS

(continua)

(Tabela 6.1 – conclusão)

Classificação dos Métodos Espectroscópicos Atômicos			
Métodos de Atomização	Temperatura Típica de Atomização, °C	Tipos de Espectroscopia	Nome Comum e Abreviações
Chama	1.700–3.150	Absorção	Espectroscopia de absorção atômica, EA
		Emissão	Espectroscopia de emissão atômica, EEA
		Fluorescência	Espectroscopia de fluorescência atômica EFA
Eletrotérmica	1.200–3.000	Absorção	EAA eletrotérmica
		Fluorescência	EFA eletrotérmica
[...]			

Fonte: Skoog et al., 2006, p. 797.

6.2 Espectroscopia de massa com plasma indutivamente acoplado

Um esquema gráfico do processo de análise pela espectrometria de massa é mostrado na Figura 6.2, na qual *Y* representa as moléculas de um composto puro na fase gasosa. Após um processo de ionização, *Y+* se decompõe, criando íons de massas menores que, detectados, geram o espectro de massa.

Figura 6.2 – Análise de espectrometria de massa

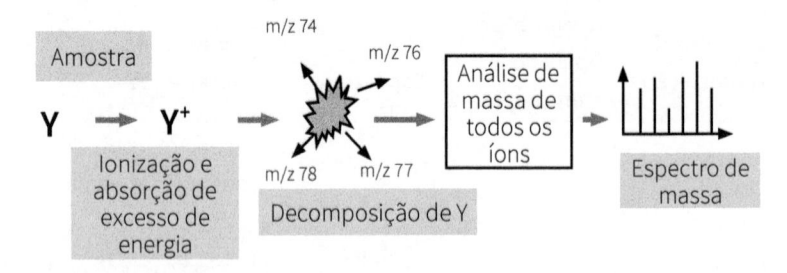

```
                    m/z 74
                            m/z 76
 Amostra                              ┌──────────┐
                                      │ Análise de│
  Y  →  Y⁺  →   *explosão*         →  │ massa de │  →   Espectro de
                                      │ todos os │        massa
 Ionização e    m/z 78   m/z 77       │   íons   │
 absorção de                          └──────────┘
 excesso de     Decomposição de Y
 energia
```

A Figura 6.3 exibe um diagrama de blocos dos componentes principais de um espectrômetro de massa, que conta com quatro componentes: (1) a fonte de íons; (2) o analisador de massa; (3) o detector; e (4) o processador de sinais.

Figura 6.3 – Diagrama de blocos do espectrômetro de massa

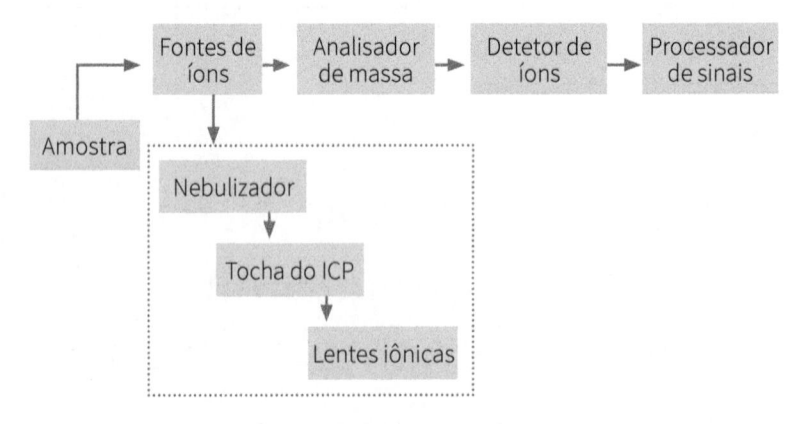

```
            → Fontes de → Analisador → Detector de → Processador
              íons        de massa     íons          de sinais
 Amostra
              ┌─────────────────────────────────┐
              │  Nebulizador                    │
              │       ↓                         │
              │  Tocha do ICP                   │
              │       ↓                         │
              │        Lentes iônicas           │
              └─────────────────────────────────┘
```

6.2.1 Introdução da amostra

A fonte de íons é composta por três elementos: (1) o nebulizador, (2) a tocha do ICP e (3) as lentes iônicas, como mostra a Figura 6.4. Esse é o bloco no qual a amostra é injetada para gerar os íons. No caso de amostras em soluções, ocorre a nebulização, na qual a amostra é transformada em nuvem de gotículas, denominada *aerossol*. Já as amostras gasosas podem ser introduzidas diretamente, ao passo que as amostras sólidas devem ser dissolvidas ou, ainda, analisadas de forma direta por meio da ablação por *laser* (volatilização). Com essa introdução contínua da amostra no plasma, é produzida uma população em estado estacionário de íons.

Figura 6.4 – Nebulizador

```
┌──────────┐         ┌──────────────┐         ┌──────────────────┐
│ Amostra  │─────────│  Nebulizador │─────────│ Amostra nebulizada│
│ líquida  │         │              │         │ para o plasma    │
└──────────┘         └──────┬───────┘         └──────────────────┘
                            │
                     ┌──────┴───────┐
                     │ Gás argônio para │
                     │  nebulização │
                     └──────────────┘
```

A forma mais tradicional de introdução da amostra é por meio de um nebulizador concêntrico de vidro. O nebulizador Meinhard é o mais utilizado. O gás nebulizador penetra por meio de uma abertura que envolve concentricamente o capilar, o que provoca uma pressão reduzida na ponta e a aspiração da amostra. Esse efeito é denominado *Bernoulli*. A alta velocidade do gás na ponta dispersa a solução na forma de um jato gasoso (*spray*, ou névoa de gotículas) de diversos tamanhos. Outro tipo de nebulizador popular apresenta um desenho de fluxo cruzado.

Segundo Skoog et al. (2006, p. 804), nesse tipo de nebulizador,

> um gás a alta velocidade flui cruzando um capilar em ângulo reto, causando o mesmo efeito Bernoulli. Frequentemente, nesse tipo de nebulizador, o líquido é bombeado através do capilar por uma bomba peristáltica. Muitos outros tipos de nebulizadores estão disponíveis para nebulização de alta eficiência, nebulização de amostras com alto conteúdo de sólidos e para a produção de névoa ultrafina.

A Figura 6.5 mostra o modelo de um espectrômetro de massa. Podem ser observadas as entradas para o gás e para a amostra na fonte iônica.

Figura 6.5 – Espectrofotômetro de massa

6.2.2 Plasma

O plasma é o método de atomização empregado para emissão, fluorescência e espectrometria de massa atômica.

Skoog et al. (2006, p. 802, grifo do original) definem que

> Por definição, **um plasma** é como uma mistura gasosa condutiva contendo uma concentração significativa de cátions e elétrons. No plasma de argônio utilizado para a espectroscopia atômica, os íons argônio e elétrons são as espécies condutoras principais, embora os cátions da amostra possam também contribuir. Os íons argônio, uma vez formados no plasma, são capazes de absorver potência suficiente de uma fonte externa para manter a temperatura em um dado nível, de forma que a ionização adicional sustenta o plasma indefinidamente; temperaturas tão altas como 10.000 K são obtidas.

Na espectroscopia com plasma de argônio, três fontes de potência têm sido empregadas. A fonte de arco elétrico CC é capaz de sustentar uma corrente de vários ampères entre eletrodos imersos no plasma de argônio. Os geradores de radiofrequência são denominados, também, *geradores de plasma acoplado indutivamente* (ICP) e *geradores de frequência de micro-ondas*, nos quais corre o argônio. A fonte de ICP oferece as maiores vantagens em termos de sensibilidade e menor efeito de interferências se comparada às outras duas fontes.

O que é

Plasma é um gás quente e parcialmente ionizado que contém uma concentração relativamente alta de elétrons e íons.

No caso da espectroscopia de massa, o plasma é formado na tocha, e consiste em um fluxo de argônio em um alto campo elétrico externo. As colisões dos átomos geram grande quantidade de íons argônio e elétrons, que levam a altas temperaturas – de 10.000 K na base da tocha, e de 6.000 K a 8.000 K na região em que a emissão é medida.

O ICP consiste em uma tocha composta por três tubos de quartzo concêntricos, envoltos por uma bobina de indução operando entre 27 MHz e 40 MHz. Ele produz o plasma com argônio consumido entre 11 L $\cdot$ min^{-1} e 17 L $\cdot$ min^{-1}, podendo atingir temperaturas de até 10000 K.

De acordo com Giné-Rosias (1998, p. 25-26),

> Para iniciar o processo de formação do plasma, usa-se uma fonte de Tesla que proporciona descarga elétrica na região de entrada do argônio do plasma. Estes elétrons provocam as primeiras ionizações do Argônio. Aumentando-se a energia na fonte de RF [radiofrequência], os elétrons produzidos são acelerados pelo campo magnético, atingindo energia cinética elevada. [...] Esta energia é transferida para outros átomos através de colisões, produzindo mais íons do gás e elétrons. Assim, inicia-se um processo em cascata até a formação do plasma. Neste período, até atingir o ajuste entre a energia cedida pela fonte de RF e a utilizada no plasma, ocorre o processo de sintonização do acoplamento. A técnica denomina-se "plasma com acoplamento indutivo" [...].

6.2.3 Lentes iônicas

As lentes iônicas aumentam a eficiência da coleta dos íons que passam através dos cones Skimmer, como demonstra a Figura 6.6. Sem as lentes iônicas, a maioria dos íons, particularmente os de menor massa, são perdidos antes que sejam coletados e direcionados para a separação e a detecção no espectrômetro.

Figura 6.6 – Lentes iônicas

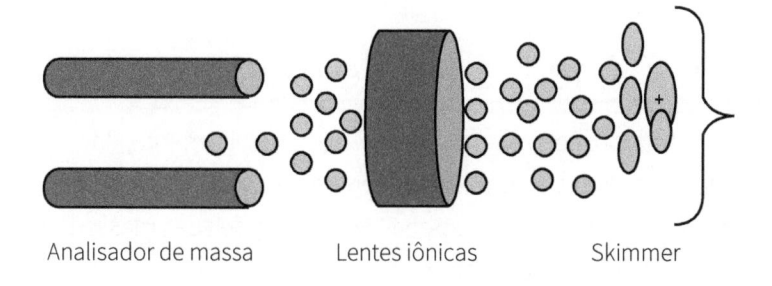

Analisador de massa — Lentes iônicas — Skimmer

Para saber mais

LACERDA, M. P. C.; ANDRADE, H.; QUÉMÉNEUR, J. J. G. Pedogeoquímica em perfis de alteração na região de Lavras (MG): II – elementos menores e elementos das terras raras. **Revista Brasileira Ciência do Solo**, n. 26, p. 87-102, mar. 2002. Disponível em: https://www.rbcsjournal.org/wp-content/uploads/articles_xml/0100-0683-rbcs-S0100-06832002000100009/0100-0683-rbcs-S0100-06832002000100009.pdf. Acesso em: 18 out. 2021.

O artigo relata o estudo realizado na região de Lavras, em Minas Gerais (MG), que analisou o comportamento geoquímico dos elementos menores (EM) e dos elementos das terras raras (ETR) ao longo da evolução pedogenética, em perfis de solos com horizonte B textural, individualizados em rochas de composição ácida, intermediária e básica do substrato.

Nos perfis, realizaram-se análises químicas de espectrometria de fluorescência de raios X (FRX) e espectroscopia de emissão atômica com plasma de acoplamento indutivo (ICP) para avaliar as perdas e os ganhos pelo balanço químico de massa.

O estudo possibilitou o grupamento dos EM em duas classes:
(1) mobilidade moderada a alta: perda da rocha fresca até o sólum;
(2) mobilidade moderada: enriquecimento relativo e eventualmente real no sólum. O comportamento dos ETR revelou grande mobilidade ao longo da evolução dos perfis de alteração.

6.2.4 Analisador de massa

Os analisadores de massa dependem, particularmente, da aceleração dos íons, por isso os separam conforme a relação massa/carga (m/z), e não apenas em função de suas massas. As principais características de um analisador são:

- **Limite de massa** – Significa o valor mais alto de massa que pode ser medido. Usualmente, é expresso em Daltons (Da) para um íon de carga unitária, isto é, $z = 1$.
- **Transmissão iônica** – O limite de massa de transmissão é a razão entre o número de íons que chegam ao detector e o número de íons produzidos na fonte.
- **Poder de resolução em massa** – É a capacidade de produzir dois sinais distintos para dois íons com uma diferença de massa pequena.

Os analisadores de massas mais comuns para ICP-MS são os quadrupolares, os de setor magnético, os de duplo foco e os de tempo de voo. Esses analisadores diferem-se quanto à resolução, ao rendimento e ao tempo de varredura. A resolução de um analisador de massas é definida pela Equação 6.1:

Equação 6.1

$$R = \frac{m}{\Delta M}$$

Em que:

m = massa nominal;

Δm = diferença de massa que pode ser minimamente resolvida.

Os analisadores quadrupolares são filtros de massa que permitem, exclusivamente, a passagem de íons com certa razão m/z (Figura 6.8). O movimento dos íons em um campo elétrico forma a base para a separação.

O analisador de massas quadrupolar compreende quatro hastes cilíndricas, opostas entre si e conectadas a voltagens de corrente contínua e de radiofrequência (RF). Ajustando-se devidamente as voltagens, é criado um trajeto estável para que os íons de uma razão m/z passem através do analisador até o detector.

Segundo Skoog et al. (2006, p. 825): "Os analisadores quadrupolares apresentam um rendimento relativamente alto, mas perdem em resolução". A resolução típica de um analisador quadrupolar é de uma unidade de massa (1 Da). Essa resolução baixa é frequentemente inadequada para separar as espécies monoatômicas de íons poliatômicos com valores similares de m/z.

Os analisadores de massa com setores magnéticos são também empregados em ICP-MS. A separação é baseada na deflexão dos íons em um campo magnético. As rotas que os íons fazem dependem de seus valores da razão m/z. Especificamente, o campo magnético é varrido de forma a entregar os íons de diferentes valores de m/z ao detector de íons.

Os analisadores de duplo foco para ICP-MS estão disponíveis no comércio. Desse modo, o setor elétrico antecede o setor magnético. O campo eletrostático serve para focar um feixe de íons, que exibe uma faixa estreita de energia cinética em uma fenda que leva ao setor magnético.

O analisador do tipo tempo de voo (TOF, do inglês *time of flight*) é o mais utilizado na espectrometria de massa, porque apresenta uma velocidade maior de amostragem, isto é, um pacote de íons é amostrado rapidamente – nesse caso, os íons entram em uma região livre de campo com energias cinéticas praticamente iguais. O tempo requerido para que os íons atinjam o detector é inversamente proporcional a sua massa. Em outras palavras, os íons com baixas relações m/z chegam ao detector mais rapidamente do que aqueles com maiores valores de m/z. Cada valor de m/z é, então, detectado de forma serial. Ainda assim, os tempos de análise são regularmente da ordem de microssegundos. Trata-se de um analisador de massa ideal para sinais transientes, além de ter discriminação simultânea de íons, ser sensível a interferências espectrais e exigir sistemas eletrônicos rápidos.

6.2.5 Detector de íons

O detector de íons fornece informações sobre o fluxo de íons após sua saída do analisador de massas. A função do detector de íons no espectrômetro de massas é transformar as informações do analisador de massas em imagens que auxiliam na percepção do analito em estudo, ou seja, o detector converte o feixe de íons em um sinal elétrico que pode ser amplificado, digitalizado, armazenado e exibido pelo sistema de dados. Suas características, como sensibilidade, precisão, resolução, tempo de resposta, estabilidade, faixa dinâmica e baixo ruído, são importantes para a detecção. Uma desvantagem desses aparelhos é que todos precisam de um sistema de alto vácuo para operar.

Os detectores de íons que podem ser utilizados no espectrômetro de massas são os seguintes:

- **Placa fotográfica** – Foi utilizada por 43 anos, até meados de 1940. Hoje não é mais empregada em razão da falta de resolução e, especialmente, pelo elevado ruído interferente. Contudo, graças a esse detector, foi possível descobrir os elétrons e a maioria dos isótopos, ou seja, a placa fotográfica tem mérito analítico, apesar de sua obsolescência.
- **Copo de Faraday** – Alfred Nier (1911-1994), em 1940, propôs a utilização do copo de Faraday com a finalidade de eliminar os erros sistemáticos obtidos nas placas fotográficas. O detector consiste em um copo metálico aterrado, projetado para capturar partículas carregadas no vácuo. Quando os íons se chocam com as paredes do copo, eles são neutralizados, absorvendo um elétron deste. Assim, é possível medir a corrente elétrica utilizando um amperímetro intercalado entre o copo e a terra. Uma característica única do copo de Faraday é que todos os íons são detectados com a mesma eficiência, de acordo com suas massas. Desde esse momento,

o espectrógrafo de massas se tornou espectrômetro de massas e possibilitou identificar e quantificar as massas dos íons selecionados pelo analisador com maior sensibilidade, precisão e resolução, além de, sobretudo, diminuir o ruído interferente detectado nas placas fotográficas.

- **Multiplicador de elétrons** – Em 1950, Norman Daly (1911-) desenvolveu um detector com maior sensibilidade do que o copo de Faraday. O multiplicador de elétrons consiste em um cone banhado em ouro. Seu formato geométrico permite que os elétrons acelerem em direção ao final do cone, chocando-se com sua superfície repetidamente, causando a liberação de mais elétrons dessa superfície. A multiplicação do número de elétrons causa a emissão de uma cascata dessas partículas no fim do cone. O gradiente do potencial elétrico no cone é ajustado de forma a manter um máximo de elétrons emitidos no final do cone para cada íon que ingressa no detector. Porém, essa quantidade é limitada, pois o multiplicador de elétrons tem vida útil.
- **Fotomultiplicadora** – Os íons positivos são acelerados e colidem com uma superfície de alumínio, que libera elétrons secundários. Estes, por sua vez, são acelerados para um cintilador e orientados para uma fotomultiplicadora. Os elétrons emitidos são recolhidos por um ânodo de metal, no qual é medida a corrente elétrica. A contagem de elétrons secundários é usada para medir os feixes de íons que atingem a fotomultiplicadora. O detector fotomultiplicador tem um baixo nível de ruído se comparado a outros detectores de íons.

☐ **Multicanal** – Foi desenvolvido em 1970 a fim de ser utilizado nos espectrômetros de massa para os analisadores do tipo TOF. Fisicamente, é composto de centenas de microcanais, com cada um contendo um multiplicador de elétrons. Apresenta tempo de resposta menor do que 1 nanossegundo e alta sensibilidade.

Exercício resolvido

1. O Gráfico a seguir representa o espectro de massa de um elemento químico desconhecido (X). Com base na análise do gráfico, responda:

   a) Qual a descrição do espectro de massa?
   b) Qual a abundância de isótopos (em porcentagem) aproximada do elemento X?
   c) Qual o valor aproximado da massa atômica do elemento X?
   d) Qual é o elemento químico?

   Gráfico A – Espectro de massa do elemento X

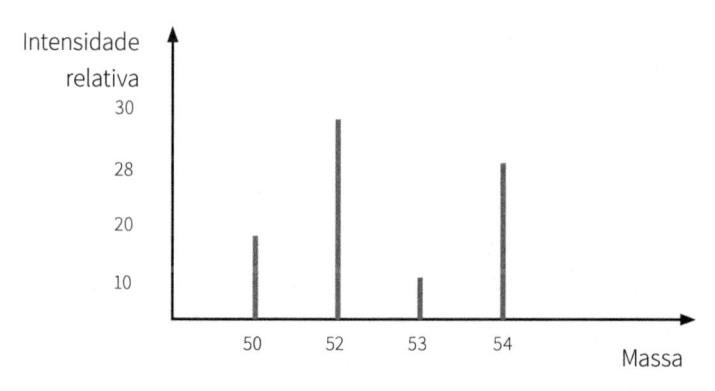

Resposta

A espectrofotometria de massa permite detectar os isótopos de um elemento químico. Isso ocorre porque os isótopos têm massas atômicas diferentes. As partículas ionizadas pelo método são submetidas à região de campo eletromagnético, que proporciona uma trajetória de circunferência. A equação que rege esse processo é:

$$R = \frac{m \cdot v}{q \cdot B}$$

Como o raio (R) é proporcional à massa (m), o instrumento consegue diferenciar os isótopos de acordo com suas intensidades.

Com a leitura do espectro, podemos determinar a porcentagem de cada isótopo, utilizando a massa de acordo com sua intensidade relativa. Primeiramente, é preciso calcular a intensidade total do elemento. Para isso, é preciso somar todas.

X_{50} a intensidade relativa (IR) = 20

X_{52} IR = 30

X_{53} IR = 10

X_{54} IR = 28

Total IR = 20 + 30 + 10 + 28 = 88

Aplica-se a regra de três para cada isótopo:

Para o isótopo X_{50}
88 → 100%
20 → X
X = 22,72%

Para o isótopo X_{52}
88 → 100%
30 → X
X = 34,1%

Para o isótopo X_{53}
88 → 100%
10 → X
X = 11,37%

Para o isótopo X_{54}
88 → 100%
28 → X
X = 31,81%

Para calcular a massa atômica do elemento X e, consequentemente, identificá-lo, é preciso calcular uma média ponderada:

Massa atômica = $\dfrac{(22,72 \cdot 50) + (34,1 \cdot 52) + (11,37 \cdot 53) + (31,81 \cdot 54)}{100}$

Massa atômica = 52,29

O elemento químico que apresenta uma massa atômica próxima a esse valor é o cromo (Cr).

6.3 Introdução de métodos com raios X

Os métodos de fluorescência, difração e absorção de raios X são utilizados em elementos químicos que apresentam número atômico maior que o do sódio, em análises qualitativas e quantitativas. Veremos, agora, a difração de raios X, que é utilizada para o entendimento das propriedades físicas dos metais, dos materiais poliméricos e de outros sólidos.

Essa técnica é baseada nas medidas de emissão, absorção, espalhamento, fluorescência e difração da radiação eletromagnética, especificamente nos espectros das faixas de raios X, raios X mole e raios X duro, cujas frequências de $3 \cdot 10^{16}$ Hz e $3 \cdot 10^{19}$ Hz e comprimentos de onda de 10^{-9} metro e 10^{-11} metro, respectivamente, são resultantes da colisão de elétrons produzidos em um cátodo aquecido contra elétrons de ânodo metálico. Vale destacar as propriedades dos raios X:

- São invisíveis.
- Propagam-se em linha reta.
- Propagam-se na velocidade da luz ($v = c = 3 \cdot 10^8$ m/s).
- Apresenta difração, refração e polarização.
- São capazes de escurecer chapas fotográficas.
- Produzem fluorescência e fosforescência em algumas substâncias.
- Liberam fotoelétrons.
- Danificam e matam células vivas e produzem mutações genéticas.

Essa radiação apresenta comprimento de onda comparável ao tamanho dos átomos, energia para ionizar moléculas e grande poder de penetração. Os raios X interagem com a matéria de duas formas diferentes, dependendo de sua energia e da composição do material:

1. **Absorção fotoelétrica** – É aquela na qual o fóton de raios X é absorvido e toda a sua energia é transferida para um elétron. Acontece com raios X moles.
2. **Espalhamento Compton por difração** – É uma forma de espalhamento inelástico, na qual o fóton incidente perde energia para um elétron e a radiação espalhada tem comprimento de onda maior do que o da radiação incidente. É o mecanismo predominante em raios X duros, sendo utilizado para gerar imagens médicas.

A Figura 6.7 ilustra o comportamento do feixe de luz sob os fenômenos citados.

Figura 6.7 – Comportamento do feixe de luz sobre uma matéria

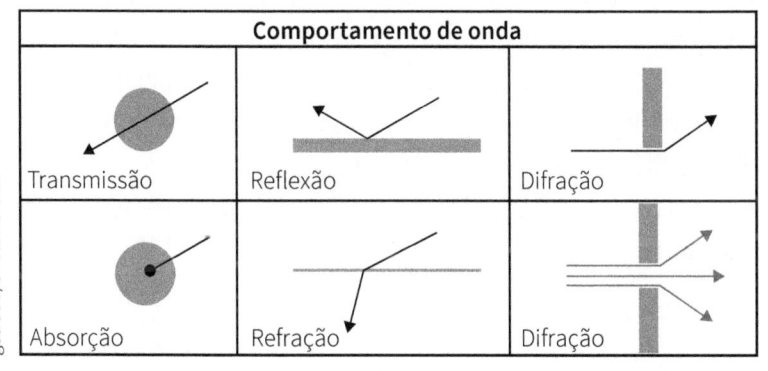

Comportamento de onda		
Transmissão	Reflexão	Difração
Absorção	Refração	Difração

6.4 Difração de raios X

O espalhamento dos raios X é proveniente da interação entre o vetor campo elétrico da radiação e os elétrons da matéria. Esse fenômeno ocorre por interferência entre os raios espalhados ordenados por um cristal e as distâncias entre os centros espalhados são da mesma ordem de grandeza que o comprimento de onda.

A difração de raios X é regido pela Lei de Bragg: quando um feixe de raios X atinge a superfície de um cristal em um ângulo Θ, uma parte é espalhada pela camada dos átomos na superfície e a outra parte penetra a camada de átomos, na qual uma parcela sofre uma fração espalhada e o restante passa para a terceira camada do átomo; o efeito cumulativo desse espalhamento no cristal é a difração (Skoog; Holler; Nieman, 2002).

Suas aplicações mais usuais são: caracterização de materiais cristalinos; identificação de minerais de grão fino (como argilas e argilas de camada mista, que são difíceis de determinar); determinação das dimensões das células unitárias; medição da pureza da amostra; determinação de quantidades modais de minerais (análise quantitativa); caracterização de amostras de filmes finos; e elaboração de medições de textura (como a orientação de grãos em uma amostra policristalina).

Para que ocorra o fenômeno de difração, são necessárias duas condições:

1. O espaçamento entre os feixes deve ser similar ao do comprimento de onda da radiação.
2. Os centros espalhados devem estar distribuídos em um arranjo regular.

A Figura 6.9 ilustra a sequência que Bragg estudou, que é o fenômeno de difração, a interação do feixe de radiação com a matéria em O, P, C, na distância da Equação 6.2:

Equação 6.2

$$AP + PC = \eta\lambda$$

O símbolo η representa um número inteiro e, assim, a radiação estará em OCD e será obtida a Equação 6.3:

Equação 6.3

$$AP = PC = d \cdot sen\theta$$

A variável d é a distância interplanar do cristal. Logo, a relação da interferência do feixe no ângulo θ será:

Equação 6.4

$$\eta\lambda = 2d \cdot sen\theta$$

O ângulo θ incidente satisfaz a condição da radiação de raios X. Assim, obtém-se:

Equação 6.5

$$sen\theta = \eta\lambda/2d$$

Figura 6.8 – Lei de Bragg para difração de raios X: feixe de luz passando por um cristal e sendo difratado

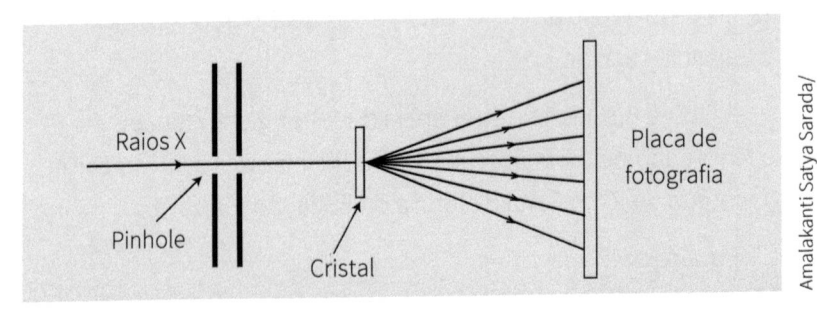

Figura 6.9 – Lei de Bragg para difração de raios X: relação do ângulo de incidência e refratado

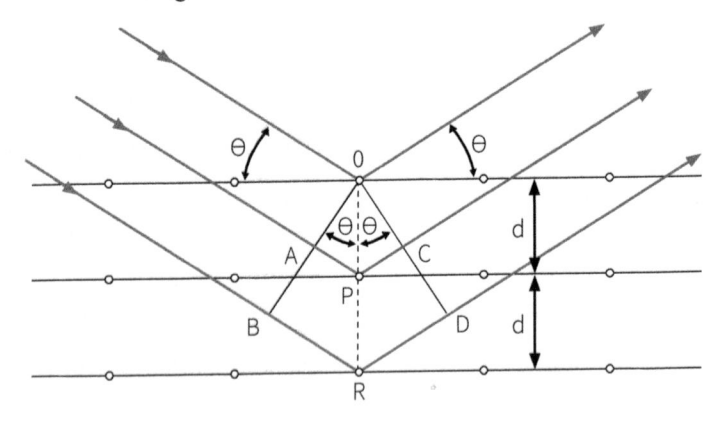

Fonte: Skoog; Holler; Nieman, 2002, p. 257.

A distância interplanar relaciona a forma da estrutura molecular com os parâmetros h, k e l, que são os índices de Miller para estruturas cristalinas. Essa notação é utilizada para identificar direções e planos cristalinos. Os índices receberam o nome de seu idealizador William Hallowes Miller (1801-1880) (Ferreira, 2015).

Na Figura 6.10, são demonstrados os planos de estruturas cristalinas e os índices de Miller, ao passo que na Figura 6.11 apresentam-se os eixos cristalinos. Na Tabela 6.2, são abordadas, também, as fórmulas para os sistemas cristalinos com a distância interplanar.

Figura 6.10 – Índice de Miller para estruturas cristalinas

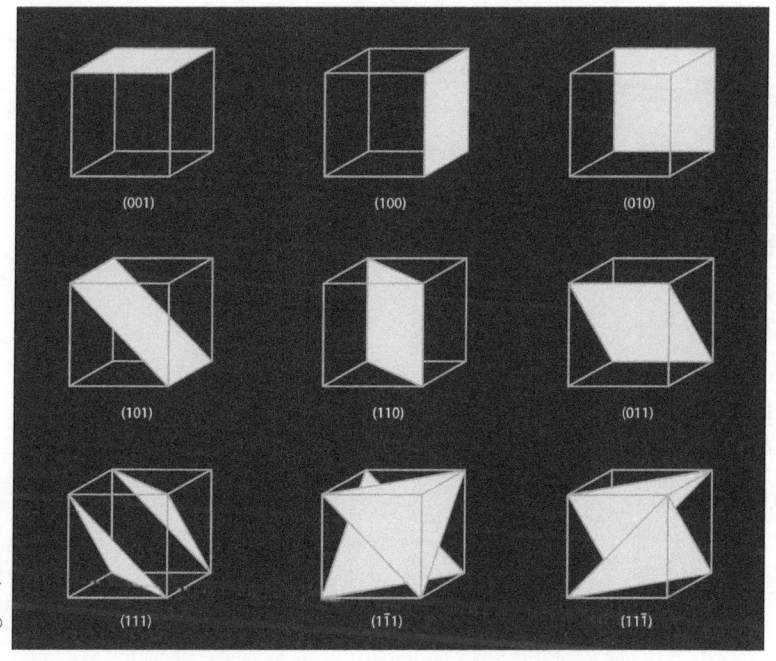

Edgieus/Shutterstock

Como parâmetros para as equações de difração, consideram-se os eixos cristalinos, como ilustrados na Figura 6.11.

Figura 6.11 – Eixos cristalinos

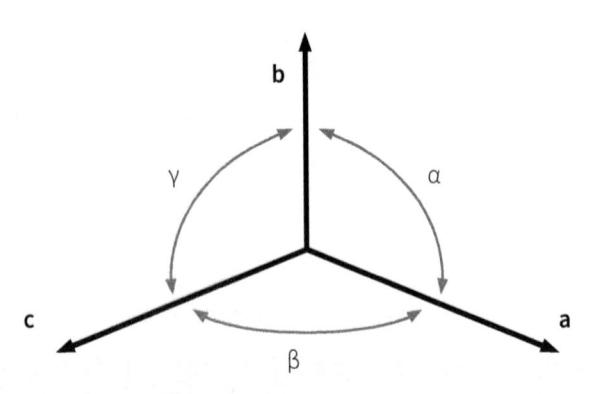

Fonte: Ferreira, 2015, p. 17.

Tabela 6.2 – Equações para o termo d_{hkl}

Sistema Cristalino	Distância Interplanar, d_{hkl}
Cúbico	$\dfrac{1}{d_{hkl}^2} = \dfrac{h^2 + k^2 + l^2}{a^2}$
Tetragonal	$\dfrac{1}{d_{hkl}^2} = \dfrac{h^2 + k^2}{a^2} + \dfrac{l^2}{c^2}$
Ortorrômbico	$\dfrac{1}{d_{hkl}^2} = \dfrac{h^2}{a^2} + \dfrac{k^2}{b^2} + \dfrac{l^2}{c^2}$
Hexagonal	$\dfrac{1}{d_{hkl}^2} = \dfrac{4}{3}\left[\dfrac{h^2 + k^2 + h \cdot k}{a^2}\right] + \dfrac{l^2}{c^2}$
Monoclínico	$\dfrac{1}{d_{hkl}^2} = \dfrac{1}{\operatorname{sen}^2\beta}\left[\dfrac{h^2}{a^2} + \dfrac{k^2 + \operatorname{sen}^2\beta}{b^2} + \dfrac{l^2}{c^2} - \dfrac{2 \cdot h \cdot l \cdot \cos\beta}{a \cdot c}\right] + \dfrac{l^2}{c^2}$
Triclínico	$\dfrac{1}{d_{hkl}^2} = \dfrac{1}{v^2}\left\{\begin{array}{l} h^2 \cdot b^2 \cdot c^2 \cdot k^2 \cdot \operatorname{sen}^2\alpha + k^2 \cdot a^2 \cdot c^2 \cdot k^2 \cdot \operatorname{sen}^2\beta \\ + l^2 \cdot a^2 \cdot b^2 \cdot \operatorname{sen}^2\gamma + 2 \cdot h \cdot k \cdot a \cdot b \cdot c^2 \cdot (\cos\beta \cdot \cos\alpha - \cos\gamma) \\ + 2 \cdot h \cdot l \cdot a \cdot b^2 \cdot c \cdot (\cos\beta \cdot \cos\alpha - \cos\gamma) \end{array}\right.$

Fonte: Fernandes, 2014, p. 8-9, grifo do original.

Na Tabela 6.2, o comprimento dos eixos e dos ângulos entre eles é:

- Cúbico: $a = b = c$; $\alpha = \beta = \gamma = 90°$;
- Tetragonal: $a = b \neq c$; $\alpha = \beta = \gamma = 90°$;
- Ortorrômbico: $a \neq b \neq c$; $\alpha = \beta = \gamma = 90°$;
- Hexagonal: $a = b \neq c$; $\alpha = \beta = 90° = \gamma = 120\ °C$;
- Monoclínico: $a \neq b \neq c$; $\alpha = \beta = 90° \neq \gamma$;
- Triclínico: $a \neq b \neq c$; $\alpha = \beta = \gamma \neq 90°$.

As posições atômicas nas células unitárias das estruturas cristalinas determinam o tipo de equação a ser utilizada para o parâmetro do termo *a* das equações da distância interplanar *hkl*. As estruturas cristalinas destacadas são:

- A célula unitária da estrutura cristalina BCC (*body centered cubic*) ou CCC (cúbica de corpo centrado).
- A célula unitária da estrutura cristalina FCC (*face centered cubic*) ou CFC (cúbica de face centrada).

Na célula unitária BCC (CCC), os círculos representam as posições nas quais os átomos estão localizados, e suas posições relativas estão claramente indicadas. Os átomos tocam-se, segundo a diagonal do cubo, conforme indicado na Figura 6.12. A relação entre o comprimento da aresta do cubo *a* e o raio atômico R é dada pela Equação 6.6:

Equação 6.6

$$a = \frac{4R}{\sqrt{3}}$$

Na célula unitária FCC (CFC), existe um nó na rede em cada vértice do cubo e um nó no centro de cada uma das faces do cubo. Os átomos tocam-se segundo as diagonais das faces do cubo, conforme mostra a Figura 6.12. A relação entre o comprimento da aresta do cubo a e o raio atômico R é dada pela Equação 6.7:

Equação 6.7

$$a = \frac{4R}{\sqrt{2}}$$

Figura 6.12 – Estruturas cristalinas de células unitárias

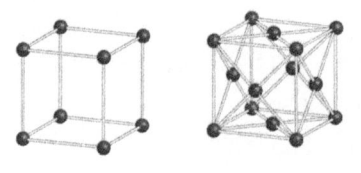

Cúbica simples (CS) | Cúbica de face centrada (CFC) | Cúbica de corpo centrado (CCC) | Hexagonal (H)

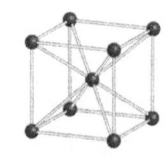

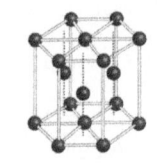

magnetix/Shutterstock

Exercício resolvido

2. Determine o ângulo de difração esperado para a reflexão de primeira ordem (n = 1) do conjunto de planos (310) do cromo, com estrutura cristalina cúbica e raio atômico de 0,1249 nm, quando é empregada uma radiação monocromática com comprimento de onda de 0,0711 nm.

Resposta

Calcula-se o parâmetro a com base na Equação 6.6:

$$a = \frac{4R}{\sqrt{3}}$$

$$a = \frac{4 \cdot 0{,}1249}{\sqrt{3}}$$

$a = 0{,}2884$ nm

Calcula-se o parâmetro d com a equação para cúbicos retirada da Tabela 6.2:

$$d_{hkl} \, a \, \frac{a}{\sqrt{h^2 + k^2 + l^2}}$$

$$d_{hkl} = \frac{0{,}2884}{\sqrt{3^2 + 1^2 + 1^2}} = 0{,}912 \text{ nm}$$

Calcula-se o ângulo de incidência de difração no cromo com a equação parâmetro d com base na Equação 6.5:

$$\text{sen } \theta = \frac{n\lambda}{2d} \qquad \text{sen } \theta = \frac{1 \cdot 0{,}0711 \text{ nm}}{2 \cdot 0{,}0912 \text{ nm}} = 0{,}390$$

$\theta = \text{sen}^{-1}(0{,}390) = 22{,}94°$

O gráfico da difração de raios X calcula o ângulo multiplicando-o por 2, logo:

$2\theta = 2 \cdot 22{,}94° = 45{,}88°$

A difração de raios X é capaz de fornecer informações qualitativa e quantitativa sobre compostos presentes em uma amostra sólida, por exemplo, a porcentagem de KBr e NaCl em uma mistura sólida desses dois compostos.

Na sequência, apresentaremos alguns métodos por difração de raios X.

6.4.1 Difratômetros automáticos

O padrão de difração é obtido pela varredura automática na amostra pulverizada e tem como características a serem observadas:

- a intensidade relativa;
- o parâmetro de rede;
- o tamanho do cristalino;
- a distância interplanar.

O refratômetro é o equipamento usual na técnica de difração de raios X. A Figura 6.13 ilustra o sistema de captação das ondas de raios X por um meio interferente (o equipamento que traduz as caracterizações e as quantificações por meio de difratômetros de linhas e suas intensidades relativas).

Figura 6.13 – Sistema de captação das ondas de raios X por um meio interferente

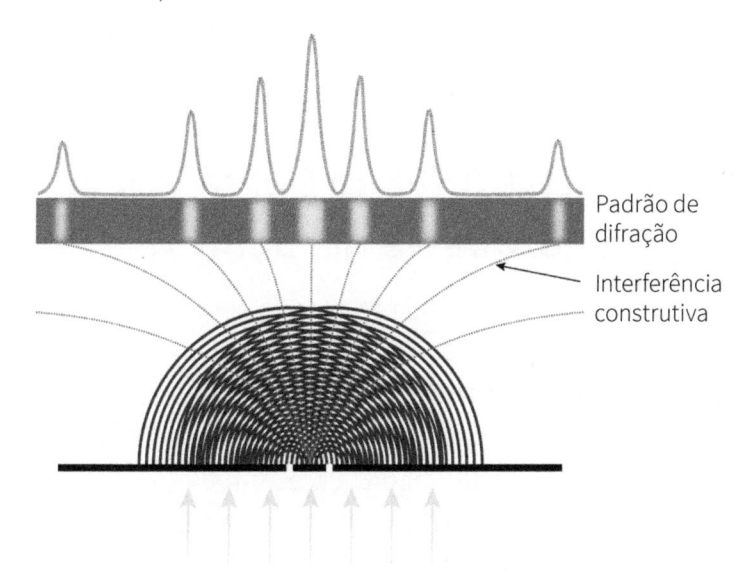

Padrão de difração

Interferência construtiva

magnetix/Shutterstock

6.5 Preparação da amostra e resultados

Para estudos analíticos por difração, a amostra cristalina é moída até formar um pó fino e homogêneo. As partículas devem ser orientadas de maneira a cumprir a condição de Bragg para a reflexão, quando o feixe de raios X e a captação para todos os espaçamentos interplanares for possível (Skoog; Holler; Nieman, 2002).

A amostra contida em um capilar de vidro fino é colocada na frente do feixe. Essa amostra também pode ser misturada com um aglutinante não cristalino para a obtenção de uma forma mais apropriada.

6.5.1 Interpretação dos padrões de difração

A identificação de uma espécie é fornecida por seu difratrograma de pó, com base na posição das linhas (em termos de Θ ou 2Θ) e de suas intensidades relativas. O ângulo de difração 2Θ é função do espaçamento de planos com a distância interplanar na utilização da equação de Bragg (Equação 6.4).

A intensidade das linhas depende do tipo de átomos em cada conjunto de planos. Os dados da identificação dos cristais são empíricos e obtidos em um arquivo de base de dados de difração de pó para 50 mil compostos, separados em compostos inorgânicos, orgânicos, minerais, metais e ligas. O equipamento difratômetro tem essa base de dados armazenada e fornece o resultado para cada linha (Skoog; Holler; Nieman, 2002).

O Gráfico 6.1 ilustra um exemplo de difratrograma de raios X e identifica o elemento manganês (Mn) na estrutura cristalina do dihidrogenofosfato de potássio (KH_2PO_4, KDP).

Gráfico 6.1 – Difratrograma de raios X

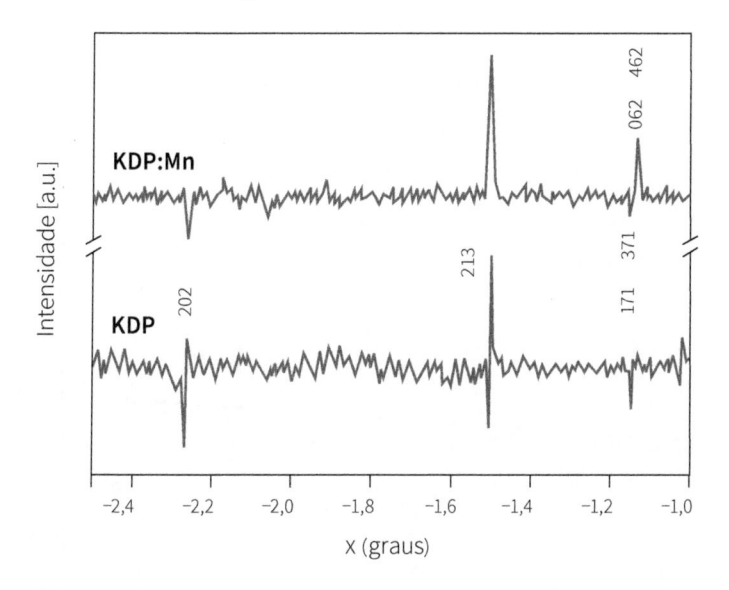

```
           KDP:Mn                                    462
                                                 062
                                        213          371
                202                              171
           KDP
     -2,4  -2,2  -2,0  -1,8  -1,6  -1,4  -1,2  -1,0
                       x (graus)
```

Fonte: Lai et al., 2003, p. 1233, tradução nossa.

Exemplificando

Em experimento para sua turma, o professor prepara uma amostra de óxido de magnésio (MgO) sobre radiação incidente de cobre para a determinação do parâmetro de rede (a). A estrutura cristalina é de configuração cúbica de face centrada (CCC). O comprimento de onda nos raios X obtido foi de 1,5406 Å, e a reflexão, de primeira ordem (n = 1). O difratrograma do MgO é obtido na Figura A e apresenta os ângulos, as intensidades e os parâmetros da distância interplanar h, k e l descritos na Tabela A.

Gráfico A – Difratograma da estrutura cristalina de óxido de magnésio (MgO)

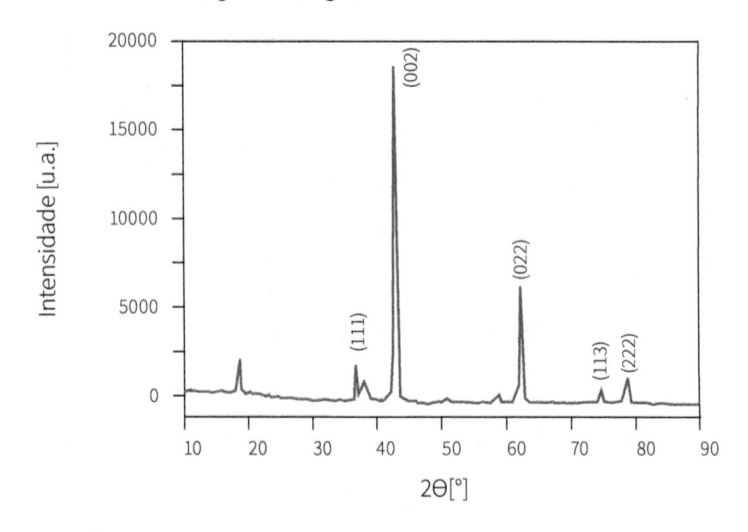

Fonte: Pereira, [S.d.], p. 13.

Tabela A – Dados obtidos no difratrograma: ângulo e parâmetros da distância interplanar

(hkl)		2θ[°]
(111)	[...]	36,953
(002)		42,931
(022)		62,331
(113)		74,723
(222)		78,666

Fonte: Pereira, [S.d.], p. 16.

Baseado nesses dados, calculou-se a distância interplanar com a Equação 5.5 e, em seguida, o valor do parâmetro de rede com a equação cúbica disposta na Tabela 6.2:

$$\operatorname{sen} \Theta = \frac{\eta \lambda}{2d} \qquad d_{hkl} \, a \, \frac{a}{\sqrt{h^2 + k^2 + l^2}}$$

Os resultados estão dispostos na Tabela B.

Tabela B – Dados contidos no difratrograma, ângulo e parâmetros da distância interplanar

Resultados do difratrograma	
d (Å)	a
2,4306	4,209
2,1050	4,21
1,4885	4,21
1,2693	4,209
1,5123	5,238

Fonte: Elaborado com base em Pereira, [S.d.].

Exercício resolvido

3. Identifique qual o material do cristal com base em sua distância interplanar, conforme dados da questão: feixe de raios X de certo comprimento de onda incide em um cristal, fazendo um ângulo de $\Theta = 34{,}9°$; comprimento de onda da faixa dos raios X é de $\lambda = 116 \cdot 10^{-12}$ m; plano em terceira ordem $n = 3$.

a) Ferro: d = 0,287 nm;
b) Sódio: d = 0,429 nm;
c) Vanádio: d = 0,304 nm;
d) Potássio: d = 0,533 nm.

Resposta

De acordo com a equação de Bragg:

$$\operatorname{sen}\Theta = \frac{\eta\lambda}{2d} \qquad d\,\frac{3 \cdot 116 \cdot 10^{-12}}{2 \cdot \operatorname{sen}(34,9°)} = 3{,}04 \cdot 10^{-10}\,m = 0{,}304\,nm$$

A alternativa correta é a "c".

Síntese

Neste capítulo, abordamos duas técnicas bastante utilizadas na área científica, a difração de raios X e a espectroscopia de massa com plasma indutivamente acoplado (ICP-MS).

Nesse sentido, observamos o funcionamento e a aplicação do ICP-MS e da espectroscopia de difração de raios X – esta, baseada na lei de Bragg. Explicamos cada técnica, os tipos de equipamentos e suas principais partes.

Vimos também a interpretação dos dados fornecidos pelos equipamentos e suas aplicações.

Considerações finais

Neste livro, apresentamos conceitos da química que são usuais em nossos dias, quando os utilizamos para determinar as propriedades analíticas de elementos químicos. Com base no estudo que propusemos, você agora tem uma base científica de informações atuais do mercado de trabalho, aplicados tantos no setor industrial quanto no de pesquisa.

Nesse sentido, desde o primeiro método de análise instrumental desenvolvido por Robert Bunsen e Gustav Kirchhoff, baseado na espectroscopia de absorção atômica de chama, foram vários os progressos científicos que possibilitaram o surgimentos das técnicas espectroscópicas e da espectrometria que até hoje são otimizadas por meio de novos componentes e da aplicação de novos *softwares*.

Referências

ABNT – Associação Brasileira de Normas Técnicas. **NBR 14785**: Laboratório clínico – requisitos de segurança. Rio de Janeiro, 2001.

ALBERS, A. P. F. et al. Um método simples de caracterização de argilominerais por difração de raios X. **Cerâmica**, São Paulo, v. 48, n. 305, p. 34-37, jan./fev./mar. 2002. Disponível em: <https://www.scielo.br/pdf/ce/v48n305/a0848305.pdf>. Acesso em: 18 out. 2021.

ALEIXO, L. M. Voltametria: conceitos e técnicas. **ChemKeys**, Campinas, n. 3, p. 1-21, mar. 2003. Disponível em: <https://econtents.bc.unicamp.br/inpec/index.php/chemkeys/article/view/9609/5030>. Acesso em: 14 out. 2021.

ALMEIDA, J. S. et al. Determinação espectrofotométrica de sulfato em álcool etílico combustível empregando dibromosulfonazo III. **Química Nova**, São Paulo, v. 36, n. 6, p. 880-884, 2013. Disponível em: <https://www.scielo.br/j/qn/a/vmmwvKZKG3XRHp7WvMhKydz/?lang=pt&format=pdf>. Acesso em: 5 out. 2021.

ALVES, L. D. S. et al. Desenvolvimento de método analítico para quantificação do efavirenz por espectrofotometria no UV-Vis. **Química Nova**, São Paulo, v. 33, n. 9, p. 1967-1972, 2010. Disponível em: <https://www.scielo.br/pdf/qn/v33n9/26.pdf>. Acesso em: 11 out. 2021.

ANDRADE, F. P. de. **Material 10**: equilibrio ácido-base: parte 1. Universidade Federal de São João Del Rei. Disponível em: <https://ufsj.edu.br/portal-repositorio/File/frankimica/Quimica%20Fundamental/Material%2010%20-%20Equil%EDbrio%20%C1cido-Base%20-%20Parte%201.pdf>. Acesso em: 15 out. 2021.

ASTM INTERNACIONAL. **ASTM E275-93**: Standard Practice for Describing and Measuring Performance of Ultraviolet, Visible, and Near-Infrared Spectrophotometers. West Conshohocken, 1993.

BACCAN, N. et al. **Química analítica quantitativa elementar**. São Paulo: Edgard Blucher; Campinas: Universidade Estadual de Campinas, 1979.

BATISTA, E. (Coord.). Cálculo da incerteza na calibração de material volumétrico. **Guia Relacre**, n. 24, set. 2012. Disponível em: <https://www.relacre.pt/assets/relacreassets/files/commissionsandpublications/Guia%20RELACRE%2024_C%c3%81LCULO%20DA%20INCERTEZA%20NA%20CALIBRA%c3%87%c3%83O%20DE%20MATERIAL%20VOLUM%c3%89TRICO.pdf>. Acesso em: 6 out. 2021.

BEATRIZ, M. de L. P. de M. A. **Laboratório de química**. São Cristóvão: Universidade Federal de Sergipe, 2007.

BRASIL. Ministério do Meio Ambiente. Conselho Nacional do Meio Ambiente. Resolução n. 357, de 17 de março de 2005. **Diário Oficial da União**, Brasília, DF, 18 mar. 2005. Disponível em: <http://www.mpf.mp.br/atuacao-tematica/ccr4/dados-da-atuacao/projetos/qualidade-da-agua/legislacao/resolucoes/resolucao-conama-no-357-de-17-de-marco-de-2005/view>. Acesso em: 8 out. 2021.

CANASSA, T. A.; LAMONATO, A. L.; RIBEIRO, A. V. Utilização da lei de Lambert-Beer para determinação da concentração de soluções. **Jeti – Journal of Experimental Techniques and Instrumentation**, Campo Grande, v. 1, n. 2, p. 23-30, jul. 2018. Disponível em: <https://periodicos.ufms.br/index.php/JETI/article/view/5930>. Acesso em: 8 out. 2021.

CLESCERI, L. S.; GREENBERG, A. E.; EATON, A. D. **Standard Methods for the Examination of Water and Wastewater**. 20th Ed. Washington, DC: American Public Health Association; American Water Works Association; Water Environment Federation, 1999.

CLIMENT-LLORCA, M. A.; VIQUEIRA-PÉREZ, E.; LÓPEZ-ATALAYA, M. M. Embeddable Ag/AgCl Sensors for in-situ Monitoring Chloride Contents in Concrete. **Cement and Concrete Research**, v. 26, n. 8, p. 1157-1161, Aug. 1996.

CUESTA, H. S.; OLMEDO, L. M. Caracterización por espectrofotometría infrarroja de los productos intermedios en la ruta sintética de ibuprofeno. **InfoAnalítica – Boletin Anual Escuela de Ciencias Químicas**, Quito, v. 3, n. 1, p. 25-40, nov. 2015. Disponível em: <https://infoanalitica-puce.edu.ec/infoanalitica/article/view/18/10>. Acesso em: 7 out. 2021.

FERNANDES, M. R. de P. **Exercícios**: difração de raios-X. João Pessoa, 2014.

FERREIRA, V. G. **Índices cristalográficos de Miller: uma proposta em educação a distância**. Dissertação (Mestrado em Ciências na Área de Tecnologia Nuclear) – Instituto de Pesquisas Energéticas e Nucleares, Universidade de São Paulo, São Paulo, 2015. Disponível em: <http://pelicano.ipen.br/PosG30/TextoCompleto/Viviane%20Gabriel%20Ferreira_M.pdf>. Acesso em: 18 out. 2021.

GENTIL, V. **Corrosão**. 3. ed. Rio de Janeiro: LTC, 1996.

GINÉ-ROSIAS, M. F. **Espectroscopia de emissão atômica com plasma acoplado indutivamente (ICP-AES)**. Piracicaba: Cena, 1998. (Série Didática, v. 3). Disponível em: <https://www.ufjf.br/baccan/files/2011/05/Livro-ICP-OES.pdf>. Acesso em: 15 out. 2021.

LACERDA, M. P. C.; ANDRADE, H.; QUÉMÉNEUR, J. J. G. Pedogeoquímica em perfis de alteração na região de Lavras (MG): II – elementos menores e elementos das terras raras. **Revista Brasileira Ciência do Solo**, n. 26, p. 87-102, mar. 2002. Disponível em: <https://www.rbcsjournal.org/wp-content/uploads/articles_xml/0100-0683-rbcs-S0100-06832002000100009/0100-0683-rbcs-S0100-06832002000100009.pdf>. Acesso em: 18 out. 2021.

LAI, X. et al. Habit Modification of Nearly Perfect Single Crystals of Potassium Dihydrogen Phosphate (KDP) by Trivalent Manganese Ions Studied Using Synchrotron Radiation X-Ray Multiple Diffraction in Renninger Scanning Mode. **Journal of Applied Crystallography**, v. 36, n. 5, p. 1230-1235, Oct. 2003. Disponível em: <http://repositorio.unicamp.br/jspui/bitstream/REPOSIP/79987/1/WOS000185178600017.pdf>. Acesso em: 18 out. 2021.

MARQUES, J. A.; BORGES, C. P. F. **Práticas de química orgânica**. 2. ed. Campinas: Átomo, 2012.

MARTINS, A. P. B.; PORTO, M. B. D. da S. M. **A luz, sua história e suas tecnologias**: curso de atualização para professores da educação básica. Rio de Janeiro: Instituto de Aplicação Fernando Rodrigues da Silveira – CAp/UERJ, 2018. Disponível em: <https://educapes.capes.gov.br/bitstream/capes/431389/1/Livro%20_%20A%20Luz%20sua%20Historia%20e%20suas%20Tecnologias_Atualizacao%20Professores%20da%20Ed%20Bas_Ana%20Paula%20Martins_Maria%20Beatriz%20Porto.pdf>. Acesso em: 7 out. 2021.

MATOS, S. P. de. **Técnicas de análise química**: métodos clássicos e instrumentais. São Paulo: Érica, 2015.

MENDES, M. F. de A. **Espectrofotometria**: conceito da lei de Lambert-Beer. Disponível em: <https://www.ufrgs.br/leo/site_espec/conceito.html>. Acesso em: 8 out. 2021.

OKUMURA, F.; CAVALHEIRO, E. T. G.; NÓBREGA, J. A. Experimentos simples utilizando fotometria de cama para ensino de princípios de espectrometria atômica em cursos de química analítica. **Química Nova**, São Paulo, v. 27, n. 5, p. 832-836, out. 2004. Disponível em: <https://www.scielo.br/j/qn/a/cnLjSb6BHXFMCw59pgWdNBx/?format=pdf&lang=pt>. Acesso em: 5 out. 2021.

PAVIA, D. L. et al. **Introdução à espectroscopia**. Tradução de Pedro Barros e Roberto Torrejon. 2. ed. São Paulo: Cengage Learning, 2015.

PEREIRA, L. G. G. **Difração de raios X**. Lorena: EEL; USP, [S.d.]. Disponível em: <https://edisciplinas.usp.br/pluginfile.php/4139679/mod_resource/content/1/Aula%204_Difra%C3%A7%C3%A3o%20de%20Raios%20X.pdf>. Acesso em: 18 out. 2021.

RAMOS, L. A.; CASSIANO, N. M.; CAPELATO, M. D. Utilização de um eletrodo de grafite recoberto com PbO_2 incorporado em matriz de PVC como eletrodo indicador em titulações coulométricas. **Eclética Química**, São Paulo, v. 29, n. 2, p. 65-72, 2004. Disponível em: <https://www.scielo.br/pdf/eq/v29n2/22722.pdf>. Acesso em: 13 out. 2021.

ROCHA, F. R. P.; TEIXEIRA, L. S. G. Estratégias para aumento de sensibilidade em espectrofotometria UV-VIS. **Química Nova**, São Paulo, v. 27, n. 5, p. 807-812, out. 2004. Disponível em: <https://www.scielo.br/j/qn/a/wLY84pzVXSZ68nnq5pczd5L/?lang=pt&format=pdf>. Acesso em: 7 out. 2021.

ROSA, G.; GAUTO, M.; GONÇALVES, F. **Química analítica**: práticas de laboratório. Porto Alegre: Bookman, 2013.

SÁNCHEZ, J. C. D.; DALLAROSA, J. B. **Avaliação do desempenho de espectrofotômetro ultravioleta e visível**. Porto Alegre: Cientec, 2002. (Boletim Técnico 28). Disponível em: <http://www.cientec.rs.gov.br/upload/20160718093845boletim_tecnico_28.pdf>. Acesso em: 11 out. 2021.

SKOOG, D. A. et al. **Fundamentos de química analítica**. 8. ed. São Paulo: Thomson Reuters, 2006.

SKOOG, D. A.; HOLLER, F. J.; NIEMAN, T. A. **Príncipios de análise instrumental**. Tradução de Ignez Caracelli et al. 5. ed. Porto Alegre: Bookman, 2002.

SWINEHART, D. F. The Beer-Lambert Law. **Journal of Chemical Education**, Washington, DC, v. 39, n. 7, p. 333, July 1962.

VALENTE, J. P. S.; PADILHA, P. M.; SILVA, A. M. M. Oxigênio dissolvido (OD), demanda bioquímica de oxigênio (DBO) e demanda química de oxigênio (DQO) como parâmetros de poluição no ribeirão Lavapés/Botucatu–SP. **Eclética Química**, Araraquara, v. 22, p. 49-66, 1997. Disponível em: <https://www.scielo.br/scielo.php?pid=S0100-46701997000100005&script=sci_abstract&tlng=pt>. Acesso em: 8 out. 2021.

WOLYNEC, S. **Técnicas eletroquímicas em corrosão**. São Paulo: Edusp, 2003.

ZUBRICK, J. W. **Manual de sobrevivência no laboratório de química orgânica**: guia de técnicas para o aluno. Tradução de Edilson Clemente da Silva, Márcio José Estillac de Mello Cardoso e Oswaldo Esteves Barcia. 6. ed. Rio de Janeiro: LTC, 2005.

Bibliografia comentada

MATOS, S. P. de. **Técnicas de análise química**: métodos clássicos e instrumentais. São Paulo: Érica, 2015.

Essa obra permite ao leitor compreender conceitos básicos sobre os métodos analíticos. Entre outros assuntos relativos ao tema, o livro aborda os fundamentos das técnicas analíticas, as reações e os ensaios de via úmida, o preparo de soluções analíticas, os diferentes métodos volumétricos, os métodos analíticos de gravimetria por precipitação, os tipos de cromatografias, potenciometria, voltametria, coulometria e amperometria, os métodos espectroscópicos, as principais técnicas aplicadas aos compostos orgânicos e as áreas de aplicação das técnicas. A obra é indicada para profissionais que buscam informações sobre o ambiente de laboratório, as técnicas e suas aplicações.

ROSA, G.; GAUTO, M.; GONÇALVES, F. **Química analítica**: práticas de laboratório. Porto Alegre: Bookman, 2013.

O livro é uma compilação de anotações das aulas de análise química, apresentando detalhes de um laboratório químico, como materiais, vidrarias, equipamentos, técnicas básicas e pesagens. Há um capítulo dedicado às análises instrumentais de potenciometria, condutometria, espectrofotometria, cromatografia e refratometria. A obra é recomendada para a formação de profissionais da área de química.

SKOOG, D. A. et al. **Fundamentos de química analítica**. 8. ed. São Paulo: Thomson Reuters, 2006.

Os autores tratam de aspectos básicos e práticos da análise química. O livro é composto por 36 capítulos e dividido em 7 partes. Isso faz dele um documento importante e completo para quem se interessa pela química analítica. O livro é indicado a todos os profissionais envolvidos na área: professores, pesquisadores, alunos e técnicos.

WOLYNEC, S. **Técnicas eletroquímicas em corrosão**. São Paulo: Edusp, 2003.

A obra descreve as técnicas eletroquímicas com uma linguagem técnica. Fornece as noções básicas necessárias à compreensão dos diferentes tipos de ensaios eletroquímicos utilizados em corrosão, como também a melhor forma de interpretar os resultados obtidos nesses ensaios. O livro é recomendado para estudantes, pesquisadores e profissionais engajados na área da corrosão eletroquímica.

ZUBRICK, J. W. **Manual de sobrevivência no laboratório de química orgânica**: guia de técnicas para o aluno. Tradução de Edilson Clemente da Silva, Márcio José Estillac de Mello Cardoso e Oswaldo Esteves Barcia. 6. ed. Rio de Janeiro: LTC, 2005.

James W. Zubrick apresenta, nessa obra, conceitos básicos para trabalhar em um ambiente de laboratório de química orgânica, entre eles, normas de segurança, instruções sobre utilização de materiais, manuseio de amostras, calibração de equipamentos e uso de vidrarias e utensílios do laboratório. A obra também descreve, detalhadamente, algumas técnicas como extração, cristalização, recristalização, destilação e sublimação em sentido prático, ou seja, como preparar as amostras e a montagem para a execução dos experimentos. Finaliza com os tipos de cromatografia e espectroscopia de infravermelho. É um livro recomendado para formação de profissionais técnicos da área de química orgânica. A obra é rica em detalhes na execução dos experimentos e conta com uma metodologia simples e prática.

Sobre as autoras

Kátya Dias Neri é licenciada em química pela Universidade Estadual da Paraíba (UEPB) e mestre e doutora em Engenharia Química pela Universidade Federal de Campina Grande (UFCG). Já trabalhou na indústria metalúrgica como analista de laboratório e supervisora da área de galvanoplastia. Foi docente dos cursos de licenciatura em Química, Química Industrial, Engenharia Ambiental e Farmácia no Departamento de Química da UEPB, lecionando as disciplinas de Físico-Química e Química Analítica. Na Faculdade Maurício de Nassau, foi docente nos cursos de Biomedicina, Farmácia e das Engenharias Civil, Mecânica e Elétrica, lecionando as disciplinas de Química Geral, Química Orgânica, Química Inorgânica, Físico-Química e Materiais Elétricos. Atualmente, desenvolve pesquisas na área educacional.

Marcia Cristina de Sousa é bacharel em Engenheira Química e mestre em Engenharia Química e em Engenharia Eletroquímica pela Universidade Federal de Campina Grande (UFCG). Atuou na indústria metalúrgica na área de tratamento de superfície metálica e foi professora no curso de Engenharia de Produção na Autarquia Educacional do Belo Jardim (AEB).

Os papéis utilizados neste livro, certificados por instituições ambientais competentes, são recicláveis, provenientes de fontes renováveis e, portanto, um meio **respons**ável e natural de informação e conhecimento.

Impressão: Reproset
Abril/2022